CURSO DE HIGIENE PARA MANIPULADORES DE ALIMENTOS

David Hazelwood es Profesor de *Catering* en el *Southport College* y Director del *Southport Centre of Open Learning*

Anna McLean es Directora del *COSMA* y del *Southport Centre of Open Learning*

Los autores y el editor quieren manifestar su agradecimiento por la autorización para reproducir material sujeto a copyright a las organizaciones siguientes: A *The Hotel Catering Institutional Management Association* por la figura de la página 21 y al *Dept. Health* y *MAFF* por el apartado «Higiene de los alimentos. Las 10 reglas de oro» de la página 129. Las «Causas principales de intoxicación alimentaria» que aparecen en la página 37 corrresponden al Dr. D. Roberts, *Food Hygiene Laboratory, Central Public Health Laboratory, Colindale* y fueron originalmente escritas para *Food Hygiene Handbook, Institution of Environmental Health Officers.*

Curso de higiene para manipuladores de alimentos

D. Hazelwood y *A. D. McLean*

Traducido por
Juan Luis de la Fuente
Licenciado en Veterinaria

Editorial ACRIBIA, S.A.
ZARAGOZA (España)

Este libro, del que son autores D. Hazelwood y A. C. McLean, fue originalmente publicado en inglés con el título de *HYGIENE. A complete course for food handlers*, 1.ª edición, por Hodder & Stoughton Ltd., Mill Road, Dunton Green, Sevenoaks, Kent, Inglaterra.

© 1991 D. Hazelwood & A. C. McLean

© De la edición en la lengua española
Editorial Acribia S.A. Apartado 466
50080 ZARAGOZA (España)

Reimpresión 2011

I.S.B.N.: 978-84-200-0753-3

www.editorialacribia.com

IMPRESO EN ESPAÑA   PRINTED IN SPAIN

Reservados todos los derechos para los países de habla española. Este libro no podrá ser reproducido en forma alguna, total o parcialmente, sin el permiso de los editores.

Depósito legal: Z-454/2011   Editorial ACRIBIA, S.A. - Royo, 23 - 50006 Zaragoza

Imprime: TipoLínea, S.A. - Isla de Mallorca, 13 - 50014 Zaragoza, 2011

CONTENIDO

	Introducción	vii
	Objetivos	xi
1	Terminología	1
2	¿Qué es la higiene alimentaria?	5
3	Higiene personal	9
4	Las bacterias ¿qué son?	19
5	¿Qué es una intoxicación alimentaria?	35
6	Prevención de las intoxicaciones alimentarias	41
7	La contaminación de los alimentos	51
8	El almacenamiento de los alimentos	61
9	La descongelación de los alimentos	73
10	Diseño del local de manipulación de los alimentos	79
11	El equipo	85
12	Disposición y almacenamiento de desperdicios y basuras	91
13	La limpieza y la desinfección de los locales	95
14	El control de las plagas	103
15	Las leyes relacionadas con los alimentos y la higiene alimentaria	111
	Soluciones al test final	125
	Respuestas a los tests de cada sección	125
	Higiene de alimentos. Las 10 reglas de oro	129

INTRODUCCIÓN

Todo empleado en una industria alimentaria ha de conocer los aspectos básicos de la higiene alimentaria de acuerdo con el Food Safety Act de 1990.

Este libro le permitirá aprender por sí mismo y según su propio ritmo. No tiene obligación de completarlo en una fecha determinada.

No crea que no sabe nada sobre higiene alimentaria, en su mayor parte se trata de sentido común y se sorprendería de lo que realmente conoce ya. No se preocupe si hace tiempo que no ha hecho exámenes; los tests de higiene alimentaria son como rellenar pasatiempos en un revista. Generalmente, todo lo que hay que hacer para contestar las preguntas es hacer cruces en los recuadros o marcar números con círculos.

Cómo usar este manual

Este manual se divide en 15 secciones o capítulos, cada uno dedicado a un aspecto de la higiene alimentaria. Usted puede completarlas en el orden que desee. Antes de empezar le aconsejamos que le eche un vistazo general para familiarizarse con cada sección y con la manera de trabajo. No trate de completar demasiados capítulos a la vez (es más que suficiente con una o dos secciones en cada ocasión). Necesitará un tiempo entre cada sección para comprender y reflexionar sobre los nuevos conocimientos que ha adquirido.

Al final de cada sección hay un pequeño test de revisión que realizará para evaluar su aprendizaje. Algunos de estos test requieren dar respuestas cortas por escrito, son para fijar de algún modo su conocimiento. La mayoría de las preguntas del examen final se pueden responder con una simple cruz o con un círculo.

Después de realizar cada test de revisión, lea la sección correspondiente de nuevo *y, sólo entonces*, corrija sus respuestas con las soluciones que están al final del manual.

Cuente lo que ha aprendido en su medio de trabajo, discuta aquellos aspectos de los que no está seguro con estudiantes, con sus compañeros de trabajo y con sus supervisores. Involúcrelos en el curso: La razón por la que usted está haciendo este curso es para mantener y mejorar las condiciones de higiene alimentaria, con el objetivo de prevenir la incidencia creciente de brotes de intoxicación alimentaria.

Una vez que usted haya completado y domine todos los capítulos, existe una prueba final. Es algo así como un examen ficticio. Hay que completarlo en un máximo de 40 minutos en condiciones de examen (sin televisión, música o interrupciones).

Cómo puede ser empleado este manual en los colegios y centros de formación

La higiene alimentaria es una parte integral de la educación de todo manipulador de alimentos, pero hasta ahora no se había establecido un examen nacional reconocido.

Este manual es apropiado para cursos dirigidos a personal de empresas de producción de alimentos y catering, enfermería, guarderías, corporaciones locales, etc.; en realidad, en todos los ámbitos donde el participante haya de manipular alimentos.

El Food Safety Act exige que todos los manipuladores de alimentos reciban la formación suficiente para aprobar unos exámenes estándar

Este manual: –*CURSO DE HIGIENE PARA MANIPULADORES DE ALIMENTOS*– puede ser empleado por todos los estudiantes sin necesidad de asistir a sesiones de clases teóricas, permitiéndoles completar el curso a su propio ritmo sin recurrir a medios instrumentales y humanos costosos.

Los estudiantes a tiempo completo o parcial pueden adquirir este libro como texto básico, desarrollándolo a su propio ritmo.

Se pueden establecer sesiones de apoyo intercaladas en las prácticas para ayudar a consolidar los conocimientos adquiridos.

En el caso de cursos de formación y reciclaje para trabajadores, se pueden organizar clases de apoyo, tutorías telefónicas o sesiones en los locales de la empresa en el caso de que la industria utilice este texto para formar a sus propios empleados.

OBJETIVOS

Tras completar este manual usted:

◆ Conocerá las normas de higiene personal que requiere un manipulador de alimentos.

◆ Conocerá las causas de las intoxicaciones alimentarias.

◆ Sabrá cómo prevenir las intoxicaciones alimentarias.

◆ Sabrá cómo colocar la basura de forma segura, sin facilitar la contaminación cruzada.

◆ Sabrá utilizar las cámaras de refrigeración y congelación para evitar la contaminación cruzada y conservar los alimentos de forma segura.

◆ Sabrá realizar la rotación de las existencias.

◆ Conocerá las plagas más comunes encontradas en los alimentos y cómo controlarlas.

◆ Sabrá realizar las operaciones de limpieza de forma segura e higiénica.

◆ Sabrá cómo le afecta la legislación alimentaria vigente y a trabajar de acuerdo con ella.

SECCIÓN UNO

TERMINOLOGÍA

A lo largo de este manual encontrará algunas palabras técnicas que se emplean para describir ciertos aspectos de la higiene alimentaria.

Los términos utilizados son específicos de la higiene alimentaria, del mismo modo que «carburador» o «bujía» lo son de la mecánica del motor de un coche. Su finalidad no es dificultar el aprendizaje, sino establecer de forma precisa de lo que se está hablando. Emplee el tiempo necesario en aprender estos términos antes de pasar a otra sección.

Términos de higiene alimentaria empleados en este manual

Bacterias. Son organismos vivos tan pequeños que son invisibles al ojo, algunas clases pueden causar intoxicaciones alimentarias si se permite que se multipliquen y crezcan sin control. (También se les llama microbios o gérmenes).

Detergente. Es una sustancia química que se usa para eliminar la suciedad y la grasa de una superficie antes de desinfectarla.

Desinfectante. Es otra sustancia química que reduce el número de bacterias nocivas hasta un nivel seguro.

Portador. Es una persona que aloja y puede transmitir bacterias perjudiciales sin mostrar ella misma síntomas de enfermedad.

Contaminación. Es la presencia de cualquier material extraño en un alimento, ya sean bacterias, metales, tóxicos o cualquier otra cosa que haga al alimento inadecuado para ser consumido por las personas.

Contaminación cruzada. Es el proceso por el que las bacterias de un área son trasladadas, generalmente por un manipulador alimentario, a otra área antes limpia, de manera que infecta alimentos o superficies. *Los casos más peligrosos de contaminación cruzada se dan cuando un manipulador alimentario pasa de manejar alimentos crudos a manipular alimentos ya cocinados sin lavarse las manos entre ambas fases.*

Manipulador alimentario. Es toda persona empleada en la producción, preparación, procesado, envasado, almacenamiento, transporte, distribución y venta de alimentos.

Intoxicación alimentaria. Es una enfermedad muy desagradable y a veces muy peligrosa causada por la ingestión de alimentos contaminados.

Alimentos de alto riesgo. Son aquellos alimentos ricos en proteínas que pueden permitir fácilmente el crecimiento bacteriano y que no se cocinan otra vez antes de comerlos.

Período de incubación. Es el tiempo que transcurre entre la ingestión de un alimento contaminado y la aparición de los primeros síntomas de enfermedad.

Alteración o deterioro. Es un proceso gradual que tiene lugar en los alimentos y los hace inadecuados para el consumo humano. Está causado por una conservación excesivamente prolongada o incorrecta.

Agente higienizante. Es una combinación de detergente y desinfectante.

Bacterias alterantes. Son bacterias que causan el deterioro de los alimentos, haciéndolos inadecuados para el consumo humano, aunque no necesariamente causan intoxicaciones alimentarias.

Esporos. Son formas latentes de resistencia que poseen algunas bacterias para protegerse contra condiciones extremas de temperatura.

Ahora complete las siguientes preguntas sin prisa alguna, escribiendo sus respuestas sobre la línea discontinua. Cuando haya terminado, revíselas leyendo de nuevo la sección 1. Después puede corregirlas (soluciones al final del texto).

¿A qué término de higiene alimentaria se refieren las siguientes descripciones?

1 _ _ _ _ _ _ _ _
Son organismos vivos tan pequeños que son invisibles al ojo, algunas clases pueden causar intoxicaciones alimentarias si se permite que se multipliquen y crezcan sin control. (A veces se les llama microbios o gérmenes).

2 _ _ _ _ _ _ _ _ _
Es una sustancia química que se usa para eliminar la suciedad y la grasa de una superficie antes de desinfectarla.

3 _ _ _ _ _ _ _ _ _ _ _ _
Es otra sustancia química que reduce el número de bacterias perjudiciales hasta un nivel seguro.

4 _ _ _ _ _ _ _ _ _ _ _ _ _
Es la presencia de cualquier material extraño en un alimento, ya sean bacterias, metales, tóxicos o cualquier otra cosa que haga al alimento inadecuado para ser consumido por las personas.

5 _ _ _ _ _ _ _ _ _ _ _ _ _ _   _ _ _ _ _ _ _
Es el proceso por el que las bacterias de un área son trasladadas, generalmente por un manipulador alimentario, a otra área antes limpia, de manera que infecta los alimentos o superficies. *Los casos más peligrosos de contaminación cruzada se dan cuando un manipulador alimentario pasa*

de manejar alimentos crudos a manipular alimentos ya cocinados sin lavarse las manos entre ambas fases.

6 _____ __ _____
Es toda persona empleada en la producción, preparación, procesado, envasado, almacenamiento, transporte, distribución y venta de alimentos.

7 _____ _____
Es una enfermedad muy desagradable y a veces muy peligrosa causada por la ingestión de alimentos contaminados.

8 _____ __ _____ _____
Son aquellos alimentos ricos en proteínas que pueden permitir fácilmente el crecimiento bacteriano y que no se cocinan otra vez antes de comerlos.

9 _____ _____
Es una combinación de detergente y desinfectante.

SECCIÓN DOS

¿QUÉ ES LA HIGIENE ALIMENTARIA?

Para la mayoría de las personas, la palabra «higiene» significa «limpieza». Si algo parece limpio entonces piensan que debe ser también higiénico. Como empleado en la industria de la manipulación de alimentos, usted ha de hacer cuanto esté en sus manos para que los alimentos que maneja sean totalmente higiénicos y aptos para ser consumidos sin causar intoxicación alimentaria.

La verdadera definición de higiene alimentaria es:

◆ La **destrucción** de todas y cada una de las bacterias perjudiciales del alimento por medio del cocinado u otras prácticas de procesado.

◆ La **protección** del alimento frente a la contaminación; incluyendo a bacterias perjudiciales, cuerpos extraños y tóxicos.

◆ La **prevención** de la multiplicación de las bacterias perjudiciales por debajo del umbral en el que producen enfermedad en el consumidor, y el **control** de la alteración prematura del alimento.

Si se quieren conseguir alimentos realmente higiénicos, todo el personal involucrado en su producción y comercialización ha de guardar unas buenas prácticas higiénicas.

Este manual ha sido especialmente diseñado para permitirle a usted aprender estas conductas de modo que trabaje de forma segura e higiénica. Su conocimiento no es suficiente, y ha de ponerlas en práctica siempre.

Una vez que comprenda la necesidad de estas normas, entonces nunca trabajará de otro modo. La falta de higiene generalmente es el resultado de la ignorancia y la pereza, y puede tener consecuencias muy serias para la gente y para usted mismo.

Los costes de una práctica higiénica deficiente

- El cierre del negocio.
- La pérdida de su empleo.
- Cuantiosas multas y costes legales, y posible encarcelamiento.
- La pérdida de su reputación.
- El pago de indemnizaciones a las víctimas de intoxicación alimentaria.
- La aparición de brotes de intoxicación alimentaria, pudiendo causar incluso la muerte de personas.
- La contaminación de los alimentos, y las quejas de los consumidores y del personal.
- La devolución de artículos alterados.
- La pérdida de la moral en el personal, una menor motivación en el trabajo, peores rendimientos, una mayor movilidad de plantilla, y menores beneficios (lo que supone menores salarios y primas).

No sólo el empresario es el responsable de la ocurrencia de un brote de intoxicación alimentaria. También usted podría ser procesado y le sería muy difícil encontrar otro trabajo en la industria alimentaria.

Los beneficios de una buena práctica higiénica

- Una buena reputación de la empresa y pundonor personal.

- Una mejora en los rendimientos, mayores beneficios y salarios.

- Una mejor motivación del personal, que promueve un ambiente de trabajo más seguro y agradable.

- La satisfacción del cliente.

- Unas buenas condiciones laborales con menor frecuencia de recambio de plantilla.

- La adecuación a la ley y la satisfacción del Departamento de Salud Pública (la vigilancia demasiado estrecha del «hombre de Salud Pública» puede llegar a ser muy estresante).

- La satisfacción personal y laboral.

¿Trabajaría usted en una empresa con unas buenas condiciones higiénicas o preferiría que éstas fuesen deficientes?

Ahora complete las siguientes preguntas sin prisa alguna.
Cuando haya terminado, revíselas leyendo de nuevo la sección 2.
Después puede corregirlas
(soluciones al final del texto).

1 ¿Qué afirmación describe mejor una «*buena higiene alimentaria*»?

    a Mantener limpias todas las superficies del alimento
    b Proteger al alimento de toda contaminación alimentaria
    c Lavar sus manos después de cada actividad
    d Librar al área alimentaria de cualquier tipo de plaga

2 **Rellene los espacios en blanco con las siguientes palabras para completar la definición de** «*higiene alimentaria*»

    bacterias   contaminación   cocinado
    bacterias   enfermedad   multiplicación
    tóxicos   perjudiciales   alteración

a La destrucción de todas y cada una de las bacterias _ _ _ _ _ _ _ _ _ _ _ _ _ del alimento por medio del _ _ _ _ _ _ _ _ u otras prácticas de procesado.

b La protección de alimento frente a la _ _ _ _ _ _ _ _ _ _ _ _ _ _, incluyendo a las _ _ _ _ _ _ _ _ _ perjudiciales, cuerpos extraños y _ _ _ _ _ _ _ _.

c La prevención de la _ _ _ _ _ _ _ _ _ _ _ _ _ _ de las _ _ _ _ _ _ _ _ _ perjudiciales por debajo del umbral en el que producen _ _ _ _ _ _ _ _ _ _ en el consumidor, y el control de la _ _ _ _ _ _ _ _ _ _ prematura del alimento.

SECCIÓN TRES

HIGIENE PERSONAL

El principal responsable de los casos de intoxicación alimentaria es siempre el HOMBRE.

Las intoxicaciones alimentarias no «*ocurren*», sino que son «*causadas*», y siempre por no seguir unas buenas prácticas higiénicas. Es esencial por lo tanto que usted mantenga una estricta higiene personal. Todo el mundo en una u otra ocasión, ha portado organismos causantes de intoxicaciones alimentarias. Si usted está empleado en la industria alimentaria, tiene la obligación moral y legal de asegurarse de que no contamina los alimentos que manipula por negligencia en su higiene personal.

Áreas de higiene personal

Las áreas de higiene personal en las que ha de ser especialmente cuidadoso son:

◆ Manos y piel.

◆ Pelo.

◆ Oídos, nariz y boca.

◆ Heridas, rasguños, granos, abscesos, etc.

◆ Fumar.

◆ Llevar joyas, perfumes y loción de afeitar.

- ◆ La indumentaria de protección.
- ◆ El cuidado de la salud general y el registro de enfermedades.
- ◆ La educación higiénica.

MANOS Y PIEL

Si está trabajando con alimentos, sus manos entran en contacto con ellos a menudo. Por ello, sus manos han de estar tan higiénicas como sea posible en todo momento. No es suficiente simplemente con lavarse las manos antes de empezar a trabajar. A lo largo del trabajo diario sus manos entrarán en contacto con superficies, alimentos y sustancias que contienen bacterias nocivas y *existe un gran riesgo de contaminación cruzada* que puede desembocar en la aparición de un brote de intoxicación alimentaria.

Debe lavarse las manos cada vez que cambia de actividad durante el trabajo, especialmente cuando va de manipular o preparar carnes u otros alimentos CRUDOS, a manipular o preparar carnes o alimentos YA COCINADOS.

Debe utilizar (en un lavabo especialmente proporcionado para ello) un jabón bactericida, cepillarse las uñas y secar las manos cuidadosamente (mejor con servilletas de papel desechables) siempre que...

- ◆ Después de usar el baño.
- ◆ Entre la manipulación de alimentos crudos y cocinados.

◆ Después de peinarse el pelo.

◆ Al entrar en un área de preparación de alimentos y antes de utilizar el equipo o manipular cualquier alimento.

◆ Después de comer, fumar o sonarse la nariz.

◆ Después de manipular alimentos desechados, desperdicios y basuras.

Debe poner especial atención al hecho de utilizar ropas limpias y a ducharse o bañarse regularmente para estar seguro de que su piel no porta gérmenes perjudiciales y de que no sufre perturbaciones de olor corporal.

Las uñas han de mantenerse muy cortas, ya que si son largas pueden albergar gran número de bacterias nocivas. Un manipulador de alimentos no debería llevar las uñas pintadas, pues es probable la transferencia de la pintura a los alimentos, causando su alteración. Debe evitar que sus dedos entren en contacto con su boca mientras manipula alimentos. El «crimen» más común que cometen los manipuladores de alimentos es chuparse los dedos antes de separar hojas de papel de embalar, bolsas de papel, etc.

HERIDAS, RASGUÑOS, GRANOS, ABSCESOS, ETC.

Cualquier ruptura de la piel es un lugar ideal para que las bacterias se multipliquen. Todas ellas han de ser cubiertas con un vendaje, tirita, etc., coloreado e impermeable al agua para evitar la contaminación cruzada.

¿Por qué coloreado? Los manipuladores de alimentos deben cubrir sus heridas con un vendaje, tirita, etc., coloreado e impermeable para en el caso de que se desprenda y caiga sobre los alimentos, encontrarlo fácilmente y retirar el alimento ya contaminado.

EL PELO

El pelo es un aspecto especialmente peligroso de nuestra higiene personal. El pelo se está mudando continuamente y además contiene caspa; ambos pueden caer sobre el alimento y contaminarlo. Un manipulador de alimentos ha de lavarse la cabeza de manera regular ya que el cuero cabelludo contiene a menudo bacterias perjudiciales. TODOS los manipuladores de alimentos han de llevar gorros adecuados de modo que su pelo esté completamente cubierto.

Esto también afecta a la barba, que debe ser cubierta con una mascarilla adecuada.

No debe peinarse mientras lleva puesta la ropa de trabajo ya que la caspa y el pelo que inevitablemente se desprenden caerían sobre la ropa y de ahí podrían pasar al alimento.

OÍDOS, NARIZ Y BOCA

Una bacteria que discutiremos después es *Staphylococcus*, que se encuentra en la nariz y la boca del 40-45% de las personas adultas.

Los estafilococos producen habitualmente muchos casos de intoxicaciones alimentarias; y se diseminan muy fácilmente cuando usted se suena, tose o simplemente silba en un área alimentaria.

Si se encuentra usted resfriado no debería permitírsele trabajar cerca de alimentos y debería utilizar pañuelos de papel desechables de un sólo uso cada vez que se suena la nariz, tose o estornuda. La boca alberga bacterias estafilocócicas y un manipulador de alimentos no debería utilizar caramelos, chicle, etc., mientras trabaja; no debería limpiar sus gafas echándoles el aliento, no deberá probar la comida con el dedo, etc.

Escupir es una costumbre desagradable y es, de hecho, ilegal en las instalaciones de manipulación de alimentos.

Todo manipulador que sufra supuración de oídos, segregue mucosidad de la nariz o tenga los ojos llorosos puede contaminar el alimento que maneja, y debe informar de ello a su superior, quien no debe permitirle manipular alimentos hasta que sea médicamente autorizado para ello.

TABACO

Fumar cigarrillos, puros, en pipa o usar rapé en las áreas alimentarias o mientras está manipulando alimentos no envasados es ILEGAL, porque...

- ◆ Mientras fuma, está tocando su boca, y puede transmitir bacterias patógenas, como los estafilococos, a los alimentos.
- ◆ El fumar favorece la posibilidad de toser y estornudar.

- Las colillas y la ceniza pueden caer en el alimento y contaminarlo.

- Las colillas, que están contaminadas con saliva se apoyan en las superficies de trabajo y favorecen la contaminación cruzada.

LLEVAR JOYAS, PERFUMES, LOCIÓN DE AFEITAR, ETC.

No debería permitirse que los manipuladores de alimentos llevasen perfume o loción de afeitar, ya que los alimentos cogen muy fácilmente olores, especialmente aquellos ricos en grasas, causando su contaminación.

Los anillos, pendientes, relojes, broches, etc., son excelentes trampas para la suciedad, donde las partículas de alimento y la suciedad pueden albergar bacterias perjudiciales y causar enfermedades de la piel. También pueden perderse y caer sobre los alimentos, aumentando los gastos de dentista del consumidor. También pueden contaminar y alterar el alimento. La única joya que debería permitirse a un manipulador de alimentos es la alianza de casado.

INDUMENTARIA DE PROTECCIÓN

Se emplea el término «protección» para referirse al alimento y no a usted. Es al alimento a quien protege el vestuario de fuentes externas de contaminación. En la parte externa de nuestros vestidos se halla frecuentemente polvo, pelo de animales domésticos, fibras de lana, etc., que pueden desencadenar la contaminación de los alimentos si se permitiera llevarlos en las áreas de manipulación de alimentos. Un manipulador debería llevar una indumentaria protectora limpia, lavable, de color claro; sin bolsillos externos y preferiblemente con cierres sin botones.

- Si su indumentaria protectora la lleva SOBRE la ropa de calle (una práctica no muy higiénica), debería cubrirla completamente, incluyendo mangas, puños de camisa, cuellos, etc.

- Por medio del contacto con el aire de fuera de las áreas alimentarias, la ropa de calle adquiere multitud de bacterias perjudiciales que podrían diseminarse por contacto con el equipo, las superficies de trabajo, las manos, etc., y así causar contaminación cruzada.

- Los bolsillos externos deberían evitarse, pues probablemente se engancharían con el equipo o podrían ser usados para guardar objetos no higiénicos.

- Los cierres de botones también deberían evitarse pues podrían desprenderse y caer sobre el alimento, causando contaminación física.

CUIDADO DE LA SALUD Y REGISTRO DE ENFERMEDADES

Todo manipulador de alimentos tiene la OBLIGACIÓN LEGAL de informar a sus superiores si sufre cualquier enfermedad que pueda causar la contaminación de los alimentos y por tanto la aparición de intoxicaciones alimentarias (vómitos, diarrea) o enfermedades transmitidas por alimentos.

Si usted está padeciendo cualquier enfermedad de las descritas arriba, entonces no debería permitírsele manipular alimentos hasta que un médico certifique que puede volver a desarrollar su actividad.

Todo manipulador que haya ingerido un alimento del que se ha demostrado que ha causado una intoxicación alimentaria, o vive en una familia que la ha sufrido, o ha padecido vómitos y diarrea mientras estaba en el extranjero, debería evitar manipular alimentos hasta obtener permiso médico.

EDUCACIÓN HIGIÉNICA

PREVENIR ES MEJOR QUE CURAR

Siempre es mejor prevenir la posibilidad de intoxicación alimentaria, la alteración y deterioro o la contaminación, que remediar el mal ya causado. Es mejor asegurarse de que todo el personal está correctamente educado y entrenado en las necesidades higiénicas básicas antes de permitir que comiencen a trabajar. Esta formación elemental debería ser continua con sesiones de reciclaje o recuerdo.

Ahora complete las siguientes preguntas sin prisa alguna. Cuando haya terminado, revíselas leyendo de nuevo la sección 3. Después puede corregirlas (soluciones al final del texto).

MANIPULADORES DE ALIMENTOS

1 Complete la siguiente lista de ocasiones en las que un manipulador de alimentos ha de lavarse las manos

   a Después de usar el _ _ _ _

   b Entre la manipulación de alimentos _ _ _ _ _ _ y _ _ _ _ _ _ _ _ _

   c Después de _ _ _ _ _ _ _ _ el pelo

   d Al _ _ _ _ _ _ en un área de preparación de alimentos y antes de utilizar el _ _ _ _ _ _ _ o _ _ _ _ _ _ _ _ _ cualquier _ _ _ _ _ _ _ _

   e Después de comer, _ _ _ _ _ o _ _ _ _ _ _ _ la nariz

   f Después de manipular alimentos desechados, _ _ _ _ _ _ _ _ _ _ _ _ y _ _ _ _ _ _ _

2 En todos los casos de intoxicación alimentaria, la principal causa es el hombre   VERDADERO/FALSO

3 Unas buenas prácticas de higiene personal pueden ayudar a reducir la aparición de brotes de intoxicación alimentaria   VERDADERO/FALSO

4 ¿Cuándo debería un manipulador de alimentos lavarse las manos?

   a A intervalos regulares a lo largo de todo el día

   b Después de usar el baño

   c Antes de empezar a trabajar

   d A lo largo de todo el día después de cada actividad

5 ¿Qué debería usar para cubrir una herida si usted está trabajando con alimentos para protegerlos contra la contaminación?

   a Un vendaje o una tirita estéril

   b Un vendaje o una tirita de color carne

   c Un vendaje o una tirita coloreado

   d Con un vendaje o una tirita coloreado e impermeable al agua

6 ¿Qué bacteria se encuentra frecuentemente en la boca y la nariz?

   a *Salmonella*

   b *Staphylococcus*

   c *Clostridium*

   d *Listeria*

7 ¿Por qué es ilegal fumar en las áreas de manipulación de alimentos?

　　a Porque el humo y la ceniza pueden ser desagradables para otras personas ☐

　　b Porque fumar supone el contacto con la boca y además favorece la contaminación cruzada ☐

　　c Porque el humo contribuye a la aparición de cáncer ☐

　　d Porque las colillas pueden caer en el alimento y contaminarlo ☐

8 La indumentaria protectora de un manipulador de alimentos debe...

　　a Estar limpia ☐

　　b Estar hecha de algodón ☐

　　c Ser planchada recientemente ☐

　　d Ser blanca ☐

9 ¿Por qué un manipulador de alimentos ha de llevar un vestido de protección?

　　a Para dar un aspecto limpio e higiénico ☐

　　b Para proteger al manipulador de bacterias patógenas ☐

　　c Para proteger al alimento de bacterias perjudiciales ☐

　　d Para evitar que la indumentaria del manipulador se manche ☐

10 Usted acude al trabajo tras sentirse enfermo durante la noche y sufrir diarrea. ¿Qué debería hacer?

　　a Tomarse una aspirina cada 4 horas ☐

　　b Lavarse las manos más de lo habitual ☐

　　c Informar a su superior ☐

　　d Informar a su médico de cabecera ☐

SECCIÓN CUATRO

LAS BACTERIAS ¿QUÉ SON?

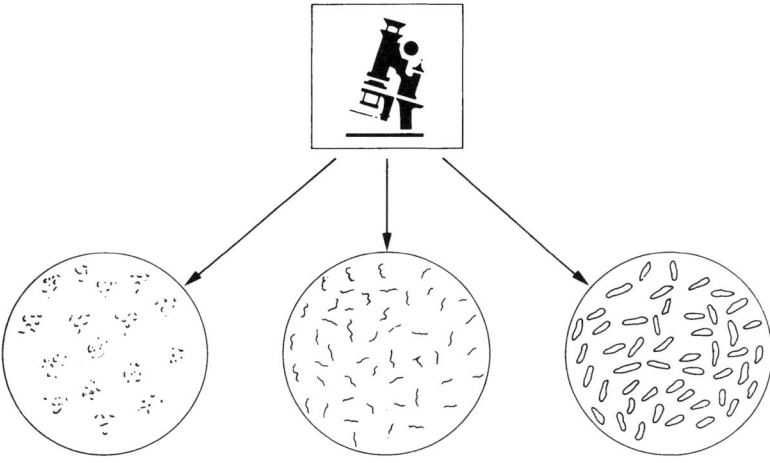

Figura 4.1 Observando bacterias a través del microscopio.

Las bacterias son microorganismos microscópicos que se encuentran en todos lados, en el agua, en el aire, en el suelo, sobre y dentro de las personas y los animales; y son tan pequeñas que son invisibles al ojo humano. La mayoría de las bacterias son bastante inofensivas, de hecho algunas se utilizan en la fabricación de queso o yogur.

Sin embargo, hay algunas bacterias perjudiciales que producen la alteración de los alimentos; y algunas son patógenas, es decir, capaces de producir enfermedades. Vamos a concentrarnos en aquellas bacterias que si permitimos que se multipliquen, causan intoxicaciones alimentarias. Cada una de ellas se discutirá individualmente en los capítulos A, B y C de esta sección. Para determinar si un alimento ha sido o no manipulado correctamente, se emplea el recuento de estas bacterias perjudiciales presentes.

Cuando la carne cruda se prepara para elaborar embutidos, hamburguesas, etc., se pica o trocea finamente, y esto conlleva una gran manipulación que permite a las bacterias normalmente presentes en la superficie de la carne «mezclarse» y «diseminarse» por toda la masa del producto. Por ello, los productos picados tienen un mayor **riesgo** de ser origen de intoxicaciones alimentarias que el resto.

Condiciones para el crecimiento de las bacterias

Las bacterias, como el resto de formas de vida, tienen una serie de necesidades para crecer y multiplicarse. Estas necesidades son: *CALOR, ALIMENTO, HUMEDAD* y *TIEMPO*. Si estas condiciones son óptimas, una sola bacteria puede producir 16 millones de bacterias ¡en sólo 8 horas!.

Así, *unas buenas prácticas higiénicas son absolutamente esenciales para frenar este enorme crecimiento.*

CALOR

Las bacterias responsables de intoxicaciones alimentarias tienen una temperatura óptima de crecimiento de unos 37°C, que es la temperatura normal del cuerpo humano. Pese a todo, pueden crecer entre 5°C y 65°C con una velocidad considerable. Fuera de este rango su potencia reproductora se ve muy disminuida. A 100° las bacterias comienzan a morir; por debajo de 0°C en general no mueren, pero su crecimiento se reduce mucho. Si tiene que controlar la velocidad de multiplicación y crecimiento de estos gérmenes es evidente que debe controlar la temperatura de conservación y cocinado de los alimentos.

La temperatura a la que se debería mantener un alimento para controlar y prevenir el crecimiento microbiano es:

MENOS DE 5°C
O
MÁS DE 65°C

Al intervalo de temperatura entre 5°C y 65°C se le denomina *ZONA DE PELIGRO* (ver Fig. 4.2).

LAS BACTERIAS ¿QUÉ SON?

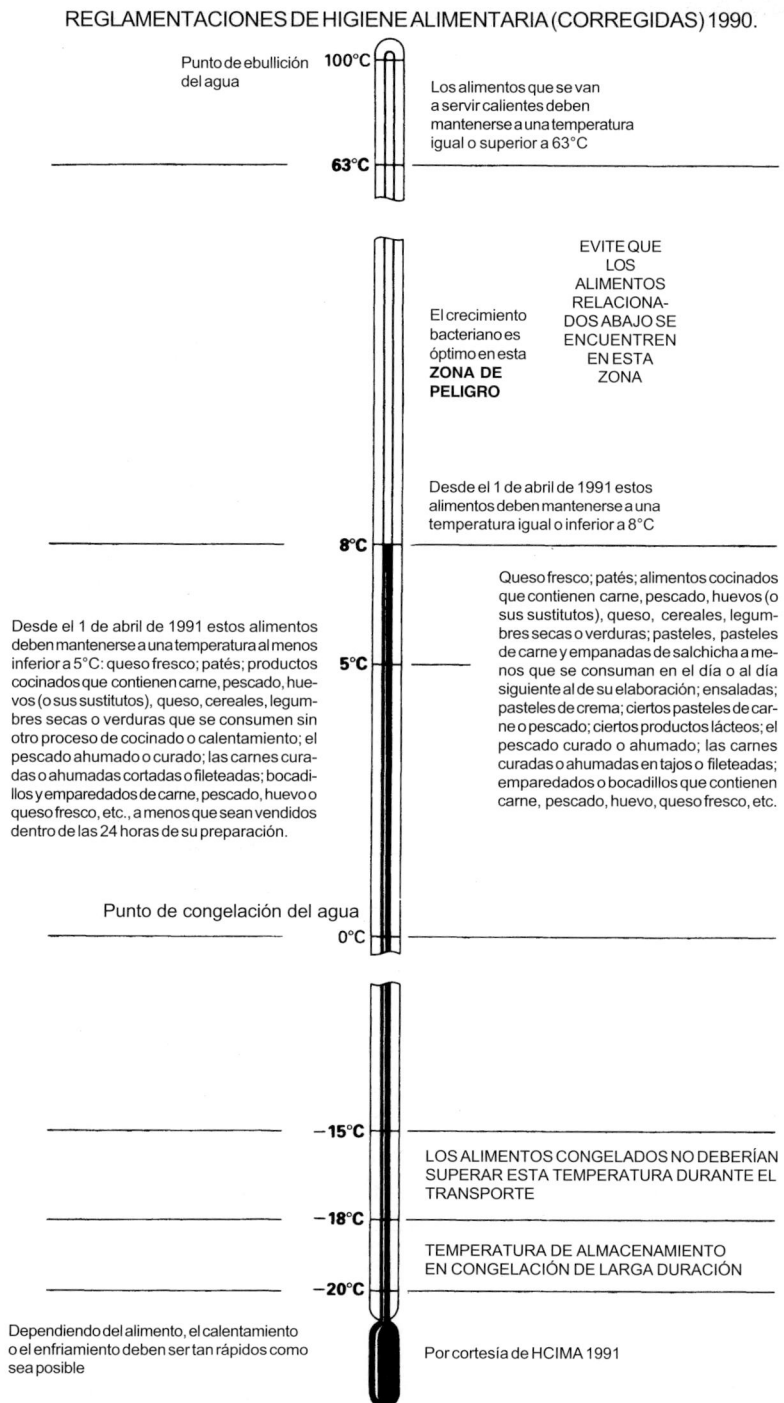

Figura 4.2 Diagrama que muestra la *Zona de peligro* (5-65°C).

Pese a todo, el mantenerse fuera de la Zona de Peligro tampoco previene toda multiplicación bacteriana, ya que algunas bacterias son capaces de producir **ESPORAS** que les permiten sobrevivir a incluso temperaturas mucho más altas o bajas.

ALIMENTO Y HUMEDAD

Las bacterias prefieren alimentos con un alto contenido en proteínas como son la carne cocinada, la carne de pollo o los productos lácteos (se les llama ALIMENTOS DE ALTO RIESGO). La leche en polvo o los huevos desecados no permiten el crecimiento bacteriano hasta el momento en que son reconstituidos con agua, en ese instante las bacterias presentes comenzarán a crecer, y por ello estos alimentos *una vez reconstituidos* deberían ser tratados como frescos, y emplearse tan pronto como sea posible y ser conservados en refrigeración.

Los alimentos que tienen una alta concentración de azúcar, sales, ácidos u otros conservantes no permiten el crecimiento bacteriano.

Las instalaciones de manipulación de alimentos (suelos, paredes, superficies, equipo, etc.,) por lo común contienen tanto la humedad como los nutrientes necesarios para soportar el crecimiento bacteriano, por lo que han de considerarse también estos ambientes como posibles fuentes de contaminación.

TIEMPO

Si le proporciona a las bacterias las condiciones óptimas en cuanto a nutrientes, humedad y calor, algunas son capaces de multiplicar su número por dos en sólo 10-20 minutos. Esta reproducción la llevan a cabo por un proceso denominado *FISIÓN BINARIA*. La Figura 4.3 muestra cómo ocurre.

Si se les da el tiempo suficiente, un número inicial de bacterias pequeño puede multiplicarse hasta el punto de poder causar una intoxicación alimentaria. Por lo tanto es esencial que los ALIMENTOS DE ALTO RIESGO no se mantengan en la ZONA DE PELIGRO salvo el tiempo estrictamente necesario.

LAS BACTERIAS ¿QUÉ SON?

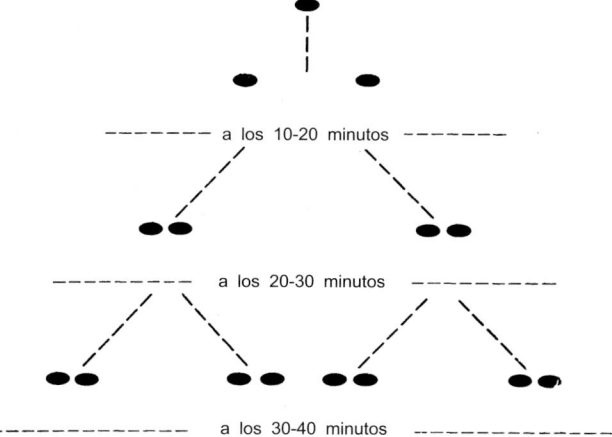

Figura 4.3 Diagrama que muestra el modo de división y multiplicación bacteriana.

Ahora complete las siguientes preguntas sin prisa alguna. Cuando haya terminado, revíselas leyendo de nuevo la sección 4. Después puede corregirlas (soluciones al final del texto).

1 Las intoxicaciones alimentarias están causadas por:

  a El alto número de bacterias presentes en el alimento
  b Todas las bacterias presentes en el alimento
  c Una sola bacteria presente en el alimento
  d Una combinación de bacterias presentes en el alimento

2 ¿Qué condiciones necesitan las bacterias para multiplicarse?

  a Alimento, espacio, calor y humedad
  b Alimento, tiempo, calor y humedad
  c Alimento, luz, calor y humedad
  d Alimento, aire, calor y humedad

3 ¿A qué temperatura se multiplican las bacterias más rápidamente?

a 5°C
b 65°C
c 100°C
d 37°C

4 ¿Cuál es el rango de temperatura de la Zona de peligro?

a 5°C-35°C
b 5°C-45°C
c 5°C-55°C
d 5°C-65°C

5 En condiciones óptimas las bacterias se dividen en dos cada 10-20 minutos. ¿Cómo se llama este método de reproducción?

F_ _ _ó_   _ _n_ _ _a

6 ¿A qué temperatura pueden morir las bacterias?

a 0°C
b 37°C
c 65°C
d 100°C

Salmonella, Clostridium y Staphylococcus

Con nombres como éstos no es extraño que queramos eliminarlos de la faz de la tierra. No se moleste demasiado en recordar los nombres de estas bacterias, sino concéntrese más en el modo en que estas bacterias crecen y se multiplican, y en las maneras en las que usted puede controlar su velocidad de crecimiento y multiplicación.

En lo que queda de sección (A, B y C), estudiaremos cada una de ellas con algo más de detalle.

- ◆ Veremos su *período de incubación* (el tiempo que transcurre entre la ingesta del alimento contaminado y la aparición de los primeros *signos de enfermedad*).
- ◆ Veremos la *duración de la enfermedad* (período en el que se manifiestan los síntomas).
- ◆ Estudiaremos los *síntomas principales* (son los signos que presenta quien padece cierta enfermedad).

♦ Y lo más importante: los modos de prevenir las intoxicaciones alimentarias causadas por estas bacterias.

SECCIÓN 4A. *Salmonella*

Las salmonelas causan aproximadamente el 70% de los casos registrados de intoxicación alimentaria. Con unos 20-40 casos que acaban con la muerte del paciente todos los años, generalmente bebés o personas enfermas o ancianas.

Período de incubación:	6-72 horas
Duración de la enfermedad:	11-18 días
Síntomas:	*Diarrea, dolor de cabeza, fiebre y dolor abdominal*

Las salmonelas se encuentran en el intestino del hombre y los animales, en la superficie de los huevos y también en la piel y las patas de ratas, ratones y moscas.

La intoxicación por *Salmonella* está causada por:

♦ Ingerir alimentos **no cocinados**, como leche no tratada.

♦ Ingerir alimentos **insuficientemente cocinados** o **parcialmente descongelados**.

♦ **Contaminación cruzada**.

Las salmonelas pueden llegar al área de manipulación de alimentos en la superficie de alimentos crudos como la carne, la carne de pollo y embutidos, y en la cáscara de los huevos. Se encuentra en el pollo sobre todo en su cara interna, y también en platos ya preparados como pasteles, etc. Si el alimento no es cocinado y se conserva inadecuadamente, las bacterias presentes comenzarán a multiplicarse posibilitando fácilmente la aparición de un brote de intoxicación alimentaria. Las bacterias pueden diseminarse desde los alimentos crudos a los cocinados, por ejemplo, por utilizar el mismo cuchillo para cortar alimentos crudos y cocinados sin desinfectarlo correctamente entre ambas tareas.

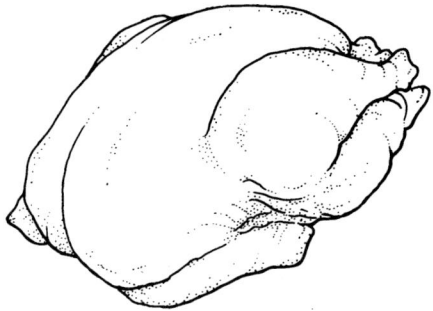

Figura 4.4 Manipule con cuidado este paquete de *Salmonella*

Un caso común de contaminación cruzada es a través de la indumentaria del manipulador: si sale con la vestimenta protectora fuera de la zona de manipulación alimentaria por ejemplo para comprar el periódico, o para ir y venir del trabajo.

Los insectos, los pájaros y los animales domésticos pueden contaminar los alimentos si se les permite alcanzar las zonas de manipulación de alimentos, al entrar en contacto con superficies, etc., o cuando un manipulador acaricia a un animal doméstico para volver inmediatamente después a sus tareas sin lavarse las manos con un jabón bactericida.

Las salmonelas se destruyen fácilmente por el calor, y la mayoría de los casos de intoxicación alimentaria son producidos por un cocinado insuficiente de los alimentos o por contaminación cruzada de éstos tras haber sido cocinados.

Ha de tenerse especial cuidado con la carne de ave de todo tipo pues se estima que aproximadamente un 80 % de las carnes de ave están contaminadas con SALMONELLA

Cómo prevenir la intoxicación por Salmonella

◆ Asegúrese de que el centro del alimento ha alcanzado durante el cocinado una temperatura lo suficientemente alta para destruir todas las bacterias (el uso de un termopar es ideal para este propósito).

- Descongele los alimentos congelados completamente antes de cocinarlos, especialmente la carne de ave. Descongele siempre la carne de ave en el refrigerador y nunca al aire libre o sumergiéndola en agua caliente (un pavo grande puede necesitar hasta 48 horas para descongelarse completamente).

- Emplee cuchillos y tablas de corte separados para la preparación de alimentos crudos y cocinados para evitar el riesgo de contaminación cruzada a partir de la superficie de los alimentos crudos.

- Limpie siempre y desinfecte el equipo tras su uso y antes de comenzar otra tarea (picar hígados de pollo para hacer paté y justo después emplear la misma picadora sin desinfectar para picar hortalizas, es una receta ideal para causar una intoxicación alimentaria).

- Debería utilizar refrigeradores diferentes para conservar alimentos crudos y alimentos cocinados (especialmente carnes). Si no es posible, debería conservar las carnes crudas en la parte inferior para impedir que la sangre gotee sobre los alimentos ya cocinados y los contamine. NUNCA conserve alimentos lácteos, natillas, flanes, cremas, etc., en el mismo refrigerador que carnes, pescados o carnes de ave crudos.

- Lávese las manos tras manipular alimentos crudos y cocinados, especialmente carnes de ave.

- Mantenga los alimentos fuera de la **Zona de Peligro** para prevenir la multiplicación de las bacterias, y preste una especial atención a la temperatura de los estofados, salsas, etc., que se mantienen calientes hasta que se sirven.

- No ingiera alimentos no tratados, tales como leche fresca.

Ahora complete las siguientes preguntas sin prisa alguna. Cuando haya terminado, revísalas leyendo de nuevo la sección 4A. Después puede corregirlas (soluciones al final del texto).

1 **Rellene las palabras que faltan**

   a _____ de _____ es el período de tiempo que va desde la ingestión del alimento contaminado y la aparición de los primeros síntomas

   b Los casos más graves de salmonelosis afectan a _ _ _ _ _, personas _ _ _ _ _ _ _ _ o _ _ _ _ _ _ _ _ _ _ _

   c _ _ _ _ _ _ _ _ son los signos que manifiesta quien padece cierta enfermedad

2 **¿Cuál de los siguientes alimentos es causa más probable de intoxicación por *Salmonella*?**

   a Leche en polvo
   b Huevos escabechados
   c Carne de pollo
   d Yogur

3 **Los animales domésticos constituyen una posible fuente de *Salmonella***
   VERDADERO/FALSO

4 **La ingestión de alimentos no cocinados o parcialmente descongelados puede causar intoxicación alimentaria por *Salmonella***
   VERDADERO/FALSO

5 **Muchos casos de Salmonelosis están producidos por una descongelación incorrecta del pollo**
   VERDADERO/FALSO

SECCIÓN 4B.   *Clostridium*

Clostridium, o más correctamente, *Clostridium perfringens*, es responsable cada año aproximadamente del 20% de todos los casos registrados de intoxicaciones por alimentos.

Período de incubación: 8-22 horas.

Duración de la enfermedad: 12-48 horas.

Síntomas: Dolor abdominal y diarrea, el vómito es raro.

Clostridium perfringens crece mejor en ausencia de oxígeno y se encuentra habitualmente en botes de conserva, en el fondo de estofados o en el centro de grandes masas de alimento, especialmente carnes, sobre todo las de ave. También se le halla en el intestino de los animales y el hombre, las moscas y las moscardas suelen estar intensamente infectadas.

Clostridium perfringens puede formar esporos. Un esporo es algo así como una bacteria protegida con una dura cubierta, que le permite resistir condiciones extremas de temperatura. Cuando la temperatura vuelve a ser óptima para vivir (dentro de la Zona de Peligro), esta cubierta protectora se disuelve y la multiplicación y el crecimiento comienzan de nuevo. Las esporos de *Clostridium perfringens* que se encuentran en el suelo, en la tierra que ensucia los alimentos vegetales, los sacos, etc., pueden contaminar los alimentos si se permite que alcancen las áreas de manipulación de alimentos (a menudo a través de la indumentaria del manipulador).

Los esporos de *Clostridium perfringens* no se destruyen con el cocinado y resisten más de 5 horas de hervido.

Los esporos no se multiplican a menos que el alimento esté dentro de la Zona de Peligro durante un tiempo suficiente antes de ser servido. Entonces germinan, produciendo bacterias que se dividen rápidamente en este rango de temperatura.

Prevención de la intoxicación por Clostridium perfringens

◆ Tenga siempre separadas las áreas de preparación de los alimentos crudos de las de los alimentos cocinados, especialmente carnes y verduras.

◆ Utilice siempre cuchillos y tablas distintos en la preparación de alimentos crudos y cocinados.

◆ Limpie y desinfecte siempre el equipo tras su uso y antes de comenzar otro proceso.

◆ Conserve de forma separada los alimentos crudos y cocinados.

◆ Enfríe rápidamente los alimentos cocinados y refrigérelos inmediatamente. Es aconsejable dividir las masas grandes en porciones más pequeñas para facilitar el enfriamiento rápido.

Divida las masas de carne en porciones de 2,5-3 kg para que se enfríen más rápidamente. Separe siempre las carnes del líquido cocinado para favorecer un enfriamiento rápido.

◆ Lávese las manos a fondo después de manipular carnes crudas o verduras no lavadas.

◆ Intente no recalentar los alimentos, pero si ha de hacerlo asegúrese de que alcanza 100°C tan rápidamente como sea posi-ble y sírvalos inmediatamente. Nunca recaliente alimentos más de una vez, especialmente carnes. El mejor método para recalentar alimentos es el microondas; y el segundo mejor, la freidora.

EL MICROONDAS

Es el único método de calentamiento en el que el alimento se calienta uniformemente en todos sus puntos, simultáneamente en el interior y en el exterior del producto. Consiste en una serie de rayos que obligan a vibrar a las moléculas de agua del alimento, y como consecuencia de esta vibración, el producto se calienta en toda su masa. Esta uniformidad de tratamiento le convierte en el mejor método para calentar un alimento a la temperatura requerida.

En los procesos de calentamiento habituales, el calor se aplica al exterior del alimento y paulatinamente alcanza las regiones más internas. Sería posible en estos casos que el alimento tenga un aspecto externo cocinado mientras el interior todavía no lo está, y por tanto permite el crecimiento bacteriano.

En el calentamiento con microondas es esencial calcular cuidadosamente el tiempo de tratamiento, que depende del volumen de alimento a calentar.

Si no se alcanza la temperatura requerida para destruir las bacterias debido a un tiempo de tratamiento insuficiente, se pueden crear «bolsillos fríos». Cuanto más alimento se mete en el horno microondas, más tiempo se necesita para cocinar o recalentar hasta la temperatura deseada.

El horno microondas no es una «caja mágica»

LA FREIDORA

La inmersión en aceite es otro método rápido de calentamiento a alta temperatura, y se utiliza para cocinar o recalentar alimentos blandos de pequeño tamaño. La temperatura del aceite es de unos 180°C y el calor penetra rápidamente, asegurando que el centro del alimento se trata suficientemente.

Ahora complete las siguientes preguntas sin prisa alguna. Cuando haya terminado, revíselas leyendo de nuevo la sección 4B. Después puede corregirlas (soluciones al final del texto).

1 Los estofados, las conservas, las salsas y cremas son especialmente responsables de la intoxicación por *Clostridium*
VERDADERO/FALSO

2 *Clostridium* pueden producir una cubierta de protección que le permite resistir condiciones extremas. A estas formas se las llama...

   a Patógenos
   b Virus
   c Esporos
   d Portadores

3 La tierra y la suciedad de los vegetales transportan bacterias de *Clostridium*   VERDADERO/FALSO

4 Usted siempre debería enfriar los alimentos tan rápidamente como fuese posible tras su cocinado para prevenir la posibilidad de intoxicación alimentaria por *Clostridium*   VERDADERO/FALSO

5 El tiempo de tratamiento en un horno microondas depende del volumen de alimento que va a ser cocinado   VERDADERO/FALSO

6 Los alimentos que han sido cocinados con un horno microondas deberían mantenerse aproximadamente 1 minuto antes de servir para que...

a Se enfríen lo suficiente para manejarlos con facilidad ☐

  b Los posibles «bolsillos fríos» puedan alcanzar, por su contacto con el resto del alimento caliente, una temperatura suficientemente segura que prevenga el crecimiento bacteriano ☐

  c Para permitir al horno alcanzar la temperatura correcta ☐

  d Reducir la contracción del alimento ☐

7 Todos los alimentos cocinados con un horno microondas son completamente seguros desde el punto de vista microbiológico

VERDADERO/FALSO

SECCIÓN 4C. *Staphylococcus*

Staphylococcus, o mejor *Staphylococcus aureus*, que es su nombre completo, es responsable de alrededor del 4% de los casos registrados anualmente de intoxicación alimentaria. Los síntomas son graves pero de breve duración y es raramente fatal.

Período de incubación: 2-6 horas.

Duración de la enfermedad: 6-24 horas.

Síntomas: Vómito, dolor abdominal.

Staphylococcus aureus se encuentra a menudo en la nariz, la garganta y en la piel de las manos de personas sanas. Está presente en los cortes, arañazos, granos, etc. No se le elimina de las manos al lavarlas, y cuando se multiplica en los alimentos produce una TOXINA, que es la responsable de la enfermedad. El microorganismo se destruye al cocinar pero la toxina es mucho más resistente. El manipulador transmite *Staphylococcus aureus* cuando estornuda o tose sobre los alimentos, o cuando tiene heridas, granos, etc., y no los cubre con vendajes limpios, impermeables y coloreados. El personal que padece vómitos, diarrea o infecciones de garganta o piel y pese a todo continúa trabajando con alimentos, puede transmitir estos gérmenes.

Prevención de la intoxicación por *Staphylococcus*

◆ Mantenga un gran nivel de higiene personal y asegúrese de que todo el personal sigue unas buenas prácticas de higiene.

◆ Manipule el alimento lo menos posible. Use pinzas, horquillas, guantes de goma donde sea posible para reducir el contacto manual con el alimento. Esto es especialmente importante con alimentos que no se van a calentar de nuevo antes de servirse.

Recuerde: lavarse las manos no elimina todos los estafilococos

◆ Mantenga los alimentos tan fríos como sea posible para reducir la velocidad de multiplicación de las bacterias.

◆ Nunca use los dedos para «probar» los alimentos durante su elaboración, y desinfecte siempre el cubierto que utilice para «probar» inmediatamente después de su uso.

Figura 4.5 Modos de transmisión de *Staphylococcus aureus*.

Ahora complete las siguientes preguntas sin prisa alguna. Cuando haya terminado, revíselas leyendo de nuevo la sección 4C. Después puede corregirlas (soluciones al final del texto).

1. La intoxicación estafilocócica puede ser originada por una excesiva manipulación de los alimentos VERDADERO/FALSO

2. Los *Staphylococcus* se pueden eliminar completamente de las manos con un lavado intenso VERDADERO/FALSO

3. Un alto grado de higiene personal ayuda a reducir los niveles de *Staphylococcus* VERDADERO/FALSO

4. Si usted no se cubre las heridas, granos, etc., con tiritas impermeables coloreadas, puede transmitir *Staphylococcus* a los alimentos VERDADERO/FALSO

5. ¿Cuál es el modo más seguro de manipular pasteles de chocolate y crema?

    a Con las manos limpias

    b Con un par de tenazas limpias

    c Con un tenedor limpio

    d Con una cuchara limpia

6. ¿Cuál de las siguientes prácticas podría causar la contaminación de los alimentos con *Staphylococcus*?

    a Emplear tiritas impermeables y coloreadas

    b Toser en la cocina

    c Refrigerar los alimentos tan rápido como sea posible

    d Manipular los alimentos lo menos posible

SECCIÓN CINCO

¿QUÉ ES UNA INTOXICACIÓN ALIMENTARIA?

Una intoxicación alimentaria es una enfermedad muy desagradable que generalmente ocurre dentro de las primeras 1-36 horas tras la ingestión de alimentos contaminados con microorganismos o sustancias tóxicas. Los síntomas se desarrollan durante 1-7 días e incluyen alguno de los siguientes: *NÁUSEAS, VÓMITOS, DOLOR ABDOMINAL Y DIARREA.*

Los agentes responsables de las intoxicaciones alimentarias son:

Bacterias y sus toxinas

Virus

Sustancias químicas

Metales

Venenos vegetales

La intoxicación alimentaria por causa bacteriana es la más frecuente de todas ellas y puede causar la muerte.

La verdadera causa de toda intoxicación alimentaria es la ignorancia o la negligencia, y por ello se acepta que sólo se puede conseguir una reducción en su incidencia por medio de la formación higiénica de los manipuladores de alimentos. Un error llevado a cabo por un manipulador no entrenado, incluso en las instalaciones más modernas e higiénicas, puede originar un brote de intoxicación alimentaria.

Han de enseñarse de manera lógica y profesional los principios de la higiene alimentaria como parte esencial de la formación inicial de un manipulador de alimentos (preferiblemente incluso antes de que comience su empleo). No se debería permitir a ningún manipulador tocar los alimentos sin antes haber cursado una instrucción básica de higiene.

Unas buenas prácticas higiénicas deberían convertirse en un «modo de vida» para todos los manipuladores de alimentos, practicadas y perfeccionadas en toda la industria alimentaria.

Puntos a recordar en relación con la intoxicación alimentaria

◆ Los alimentos que causan intoxicación alimentaria pueden tener un aspecto, un aroma y un sabor normales.

◆ Las bacterias que causan intoxicación alimentaria están en todos lados.

◆ La causa más frecuente de intoxicación alimentaria es la conservación a temperatura ambiente (Zona de Peligro) de Alimentos de Alto Riesgo.

◆ En condiciones óptimas de calor, tiempo, alimento y humedad, las bacterias patógenas se multiplican rápidamente.

◆ El resultado de los muchos casos anuales de intoxicación alimentaria es la pérdida de negocios, empleos y vidas.

Causas principales de intoxicación alimentaria

◆ Alimentos preparados con demasiada antelación y conservados dentro de la Zona de Peligro en lugar de en refrigeración.

◆ Enfriar los alimentos demasiado lentamente antes de alcanzar la refrigeración.

◆ No recalentar los alimentos a su correcta temperatura para destruir las bacterias responsables de intoxicación alimentaria.

◆ El empleo de alimentos contaminados con bacterias patógenas.

◆ Cocinar los alimentos de manera insuficiente.

◆ No descongelar la carne y el pollo congelados durante el suficiente tiempo o hacerlo de manera inadecuada.

◆ La contaminación cruzada entre alimentos crudos y cocinados durante su elaboración o almacenamiento.

◆ El almacenamiento de alimentos calientes a temperaturas por debajo de 65°C.

◆ Manipuladores de alimentos infectados.

◆ Uso inadecuado o descuidado de las sobras.

◆ Contaminación cruzada debida a la ignorancia y a la falta de cuidado en los procesos de limpieza.

Enfermedades de origen alimentario

A lo largo de este manual hemos tratado las intoxicaciones alimentarias y hemos visto que si a las bacterias les proporcionamos las condiciones de temperatura, humedad, y nutrientes durante el tiempo suficiente, crecerán y se multiplicarán hasta el número necesario para producir un brote de intoxicación alimentaria.

Existen otras enfermedades que pueden ser transmitidas por alimentos, se les denomina ENFERMEDADES DE ORIGEN ALIMENTARIO.

Estas enfermedades están causadas por bacterias y virus, y SÓLO ES NECESARIO UN PEQUEÑO NÚMERO PARA CAUSAR ENFERMEDAD. Tales enfermedades son:

Fiebres tifoideas, paratifoideas, disentería y brucelosis

Las bacterias responsables de estas enfermedades de origen alimentario se encuentran en el intestino del hombre y siguen el mismo ciclo de infección que el de una intoxicación alimentaria:

BACTERIAS EN HECES
↓
transmitido por las manos
↓
LLEGA A LOS ALIMENTOS
↓
el alimento es consumido
↓
APARECE LA ENFERMEDAD

Ahora complete las siguientes preguntas sin prisa alguna. Cuando haya terminado, revíselas leyendo de nuevo la sección 5. Después puede corregirlas (soluciones al final del texto).

1 **Las instalaciones limpias y en orden impiden el desarrollo de las bacterias patógenas** VERDADERO/FALSO

2 **¿Cuál de los siguientes síntomas indicarían que estamos ante un caso de intoxicación alimentaria?**

   a Fiebre e inflamación de garganta ☐
   b Náuseas y dolor de cabeza ☐
   c Diarrea y dolor abdominal ☐
   d Fiebre y dolor de cabeza ☐

3 **¿Cuál de las prácticas siguientes es responsable más frecuentemente de intoxicación alimentaria?**

   a Cocinar con microondas ☐
   b Elaborar alimentos con demasiada antelación ☐
   c La infestación por plagas ☐
   d El uso incorrecto de los procedimientos de limpieza ☐

4 **Las intoxicaciones alimentarias son causadas sólo por bacterias patógenas** VERDADERO/FALSO

5 **La conservación incorrecta de *Alimentos de Alto Riesgo* origina muchos casos de intoxicación alimentaria** VERDADERO/FALSO

SECCIÓN SEIS

PREVENCIÓN DE LAS INTOXICACIONES ALIMENTARIAS

Ha de tenerse cuidado con todos los alimentos para reducir la posibilidad de contaminación y el estallido de brotes de intoxicación alimentaria, pero existe un grupo de alimentos que es particularmente susceptible de contaminación bacteriana. Se les conoce como *ALIMENTOS DE ALTO RIESGO*. Son aquellos que se destinan al consumo sin otro cocinado o proceso de conservación adicionales, que destruiría normalmente las bacterias patógenas. Tales alimentos son generalmente ricos en proteínas y requieren una conservación en refrigeración:

◆ Todas las carnes cocinadas y los productos derivados de la carne de aves.

◆ Todos los productos cárnicos cocinados (salchichas, pasteles de carne, patés, etc.).

◆ Las salsas, cremas y caldos.

◆ Los huevos y ovoproductos (mayonesa, productos de pastelería).

◆ Leche, cremas y productos lácteos, incluyendo helados.

◆ El arroz cocido.

◆ Los mariscos y pescados.

SE DEBE PRESTAR UNA ESPECIAL ATENCIÓN AL ALMACENAMIENTO DE LOS ALIMENTOS DE ALTO RIESGO.

Son los *Alimentos de Alto Riesgo* los comúnmente implicados en los brotes de intoxicaciones alimentarias, particularmente la carne de ave y sus productos derivados, aunque no sólo ellos. Los alimentos responsables de intoxicación alimentaria no suelen mostrar signos obvios de contaminación, su sabor, aspecto y aroma pueden ser normales. Por lo tanto, es esencial extremar el cuidado y para prevenir la contaminación y la multiplicación bacteriana.

> **Es una obligación legal informar de todos los casos sospechosos de intoxicación alimentaria a la Oficina Local de Salud Pública.**

Se estima que los casos registrados constituyen sólo el 10% del total. Este número ha ido aumentando en los últimos 10 años y anualmente tenemos una media de 10.000-15.000, lo que supone que en realidad nos encontramos ante 100.000-150.000 casos de intoxicación alimentaria cada año.

Reflexione un instante sobre cuáles son las causas del aumento de casos registrados y resúmalas por escrito. Compárelas ahora con las que ofrecemos a continuación:

- ◆ El desconocimiento público de los peligros que supone una manipulación inadecuada de los alimentos. (La contaminación, el crecimiento bacteriano y el probable estallido de brotes de intoxicación alimentaria).

- ◆ El aumento del consumo de alimentos precocinados que sólo requieren recalentarse antes de comer.

- ◆ El incremento de la costumbre de comer fuera, tanto por razones laborales como sociales.

- ◆ El realizar la compra semanalmente en lugar de hacerlo a diario, manteniendo los alimentos en la Zona de Peligro durante largos períodos (coche, peluquería, etc.), favoreciendo el crecimiento bacteriano.

- ◆ La evolución de las técnicas de catering para reducir el personal empleado, especialmente el equipo de recalentamiento de alimentos antes de ser servidos.

- ◆ La mejora en los sistemas de detección, análisis y registro epidemiológico de los casos.

PREVENCIÓN DE LAS INTOXICACIONES ALIMENTARIAS   43

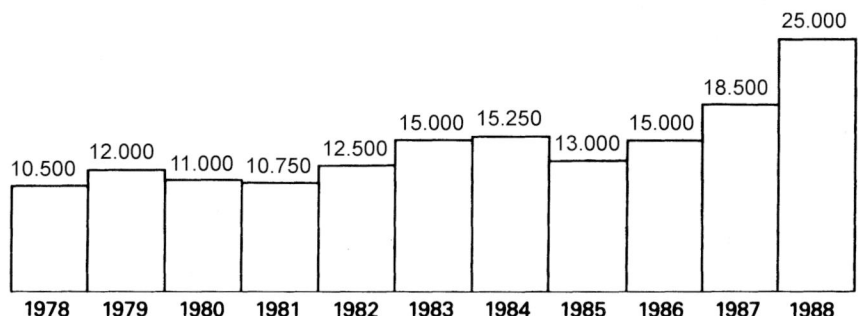

Figura 6.1 Obsérvese cómo ha crecido el número de casos registrados de intoxicación alimentaria en Inglaterra y Gales en el período comprendido entre 1978 y 1988 (en términos relativos).

◆ La extensión de los canales de distribución de alimentos, hasta un ámbito nacional e internacional, debido a las mejoras en los medios de transporte.

La intoxicación alimentaria, como los accidentes de tráfico, no *OCURREN*, sino que son *CAUSADOS*. La intoxicación alimentaria se origina por una sucesión de hechos que podrían haber sido todos ellos prevenidos.

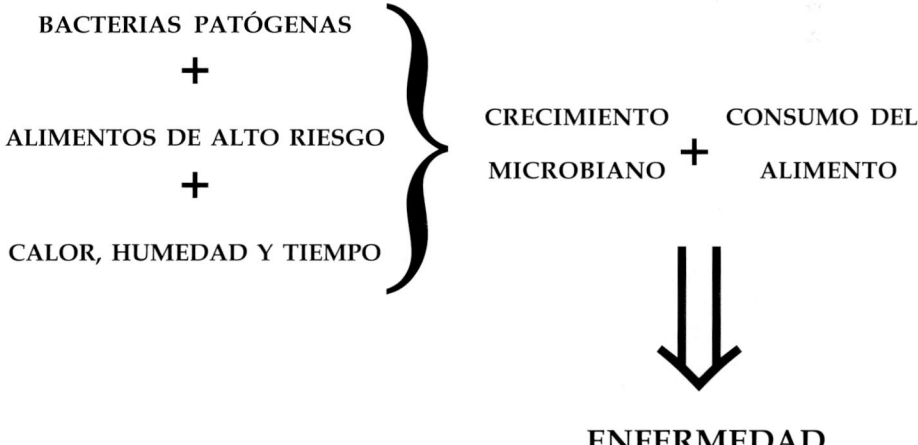

Si hemos de reducir la incidencia de las intoxicaciones alimentarias, entonces hemos de romper la secuencia.

¿CÓMO HACERLO?

Existen 3 maneras de conseguirlo:

PROTEGER *a los alimentos de la contaminación.*
PREVENIR *la multiplicación bacteriana en los alimentos.*
DESTRUIR *las bacterias presentes en los alimentos.*

¿Cómo se puede proteger a los alimentos de la contaminación?

◆ Manteniendo lo más alto posible el grado de higiene personal.

◆ Asegurándose de que todos los manipuladores visten la indumentaria protectora correcta y evitan llevar joyas, perfumes, etc.

◆ Manejando vajilla, cristalería, cubiertos, etc., por aquellas partes que no entran en contacto con el alimento (asas, bordes, etc.). No saque brillo a los cubiertos ni a los vasos echándoles el aliento.

◆ Siga los métodos correctos de limpieza y desinfección en las áreas de elaboración y producción de alimentos.

◆ No permita en ningún caso que los alimentos entren en contacto con el suelo.

◆ No emplee cuchillos o equipo sucios o insuficientemente desinfectados.

◆ No utilice el lavamanos para lavar alimentos o equipo, ni lave sus manos en la pila de preparación de alimentos.

◆ Retire todo desperdicio inmediatamente a un contenedor elevado y cubierto, alejado del área de manipulación de alimentos.

◆ Asegúrese de que el líquido que escurre de los alimentos descongelados, especialmente la carne de ave, no entre en contacto con Alimentos de Alto Riesgo, o con superficies o con el equipo empleado en su preparación.

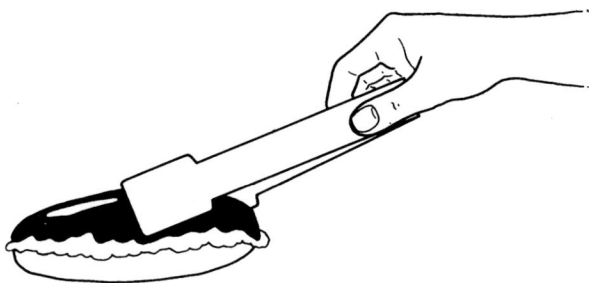

Figura 6.2 Manipule los pasteles de crema correctamente.

- ◆ Mantenga todos los alimentos cubiertos donde sea posible. Almacene los alimentos en recipientes con tapa bien ajustada para prevenir el acceso de roedores e insectos.

- ◆ Manipule el alimento sólo cuando sea absolutamente necesario, use tenazas, pinzas, tenedores, bandejas, etc., en lugar de sus manos. Utilice guantes quirúrgicos cuando sea necesaria una manipulación excesiva.

- ◆ Mantenga separados los alimentos crudos y cocinados a lo largo de los procesos de almacenamiento, elaboración, cocinado y presentación.

- ◆ Asegúrese de que posee superficies y cuchillos separados para la preparación de alimentos crudos y de alto riesgo.

- ◆ No emplee paños sucios para limpiar o secar.

Figura 6.3 Mantenga separados los alimentos crudos de los ya cocinados.

◆ No permita que entren animales domésticos en las áreas de manipulación de alimentos e impida la diseminación de roedores e insectos.

¿Cómo puede usted prevenir la multiplicación bacteriana en los alimentos?

◆ Evite la Zona de Peligro y conserve los alimentos por debajo de 5°C o por encima de 65°C.

◆ Cuando prepare alimentos, asegúrese de que están en la Zona de Peligro el menos tiempo posible. Los alimentos deberían ser cocinados o refrigerados tan pronto como hayan sido preparados, sin abandonarlos a temperatura ambiente para evitar el crecimiento bacteriano.

◆ Vigile que los alimentos deshidratados se conservan correctamente evitando que absorban humedad.

◆ Haga completo uso de los métodos de conservación para reducir la multiplicación bacteriana.

Conservación

> Es importante recalcar que los alimentos que se protegen por algún mecanismo de conservación deben ser manejados como alimentos frescos una vez que han sido abiertos, descongelados, reconstituidos, etc. Han de mantenerse en refrigeración, pues en caso contrario posibilitarían el crecimiento microbiano del mismo modo que los alimentos frescos.

El objetivo principal de los métodos de conservación es reducir el riesgo de contaminación y el crecimiento bacteriano, haciendo al alimento más seguro y facilitando su almacenamiento. Algunos de ellos no alteran el alimento en alto grado,

Figura 6.4 Modos correctos e incorrectos de preparar alimentos.

mientras que otros afectan en cierta medida al aroma, al aspecto o al valor nutritivo. Todos los métodos de conservación están diseñados sólo para frenar el crecimiento bacteriano en los alimentos y, por lo tanto, funcionan de forma más fácil y segura cuando los alimentos no están contaminados.

MÉTODOS DE CONSERVACIÓN

Congelación. Se lleva la temperatura del alimento a −18°C, suficiente para paralizar el crecimiento bacteriano.

Deshidratación. Se elimina el contenido en agua del alimento, lo que también retarda la multiplicación microbiana (el agua era uno de los factores necesarios para el crecimiento de las bacterias).

Enlatado. El alimento se introduce en latas o tarros que son esterilizados, destruyendo todas las bacterias presentes.

Conservación con jarabe, azúcar, sal o vinagre. Todo alimento que contiene un alto contenido en azúcar, sal o ácido (como el vinagre) impide o al menos retarda el crecimiento de los microorganismos.

Pasteurización y esterilización. Son tratamientos térmicos más o menos severos que destruyen todas las bacterias patógenas.

Envasado a vacío. Consiste en eliminar el aire que rodea al alimento. La mayoría de las bacterias necesitan oxígeno para multiplicarse por lo que mientras no se abra el envase, en estos productos se frena su velocidad de crecimiento.

¿Cómo podemos destruir las bacterias presentes en un alimento?

Como ya sabe, las bacterias están distribuidas por todos lados. Algunas de ellas son inocuas, pero otras causan la alteración de los alimentos o son capaces de causar brotes de intoxicación alimentaria. Si queremos evitar las pérdidas por deterioro o la aparición de problemas sanitarios, hemos de destruir estas bacterias. También sabe que aplicando una combinación adecuada de calor y tiempo es posible lograr la eliminación de las bacterias de los alimentos. Aplicando calor a la mayoría de los alimentos, destruiremos todas la bacterias presentes en ellas. Así, un cocinado correcto y completo del alimento destruirá las bacterias.

Figura 6.5 La temperatura correcta de cocinar alimentos.

Otros tratamientos térmicos también los destruyen. Por «otros tratamientos térmicos», nos referimos a la pasteurización, la esterilización, el enlatado, etc.

Ha de recordar que algunas bacterias pueden producir esporos que resisten el calor y germinan después, cuando las condiciones son más favorables. Es importante el almacenamiento correcto de estos alimentos una vez tratados por calor (cocinados, pasteurizados, enlatados, etc.) si queremos controlar estos esporos y evitar su germinación y crecimiento.

Ahora complete las siguientes preguntas sin prisa alguna. Cuando haya terminado, revíselas leyendo de nuevo la sección 6. Después puede corregirlas (soluciones al final del texto).

1 ¿Cuál de las siguientes afirmaciones es la correcta?

   a Los alimentos contaminados pueden mostrar un aspecto, sabor y olor normales

   b El simple cocinado garantiza la seguridad del alimento frente a la contaminación

   c La mejor manera de descongelar pollo es sumergiéndolo en agua caliente

   d La limpieza del equipo es suficiente para destruir las bacterias presentes

2 ¿Cuáles de los siguientes grupos de alimentos son de Alto Riesgo?

   a Leche en polvo, lentejas y conserva de frutas
   b Carne fresca, fruta y hortalizas
   c Arenques ahumados, bacon y jamón curado
   d Jamón cocido, mayonesa y queso

3 Las basuras han de almacenarse en...

   a Contenedores de metal
   b Bolsas de plástico desechables
   c Contenedores con tapa
   d Cubos de basura de plástico

4 Se puede proteger los alimentos de la contaminación...

   a Practicando un alto grado de higiene personal
   b Utilizando sólo materias primas de primera calidad
   c Cocinando los alimentos de manera correcta y uniforme
   d Proporcionando lavamanos a las áreas de elaboración de alimentos

5 ¿Cómo podemos prevenir la multiplicación microbiana?

    a Empleando sólo materias primas de primera calidad ☐
    b Evitando que el alimento esté en la Zona de Peligro ☐
    c Usando paños limpios para secar el equipo ☐
    d Utilizando una indumentaria protectora adecuada ☐

6 ¿Cómo podemos destruir las bacterias perjudiciales presentes en los alimentos?

    a Tratándolos con calor correctamente ☐
    b Almacenando los alimentos crudos y cocinados de forma separada ☐
    c Desinfectando todas las superficies del área de manipulación de alimentos ☐
    d Haciendo un uso adecuado de la refrigeración ☐

SECCIÓN SIETE

LA CONTAMINACIÓN DE LOS ALIMENTOS

Por todo el manual encontramos la palabra *contaminación*.

El motivo fundamental de que usted desarrolle unas buenas prácticas higiénicas es que de este modo puede reducir los casos de contaminación y así ofrecer unos alimentos más seguros. Ya definimos *contaminación como la presencia de cualquier materia anormal en un alimento, ya sean bacterias, metales, tóxicos o cualquier otra cosa que comprometa la* aptitud del alimento para ser consumido por la gente.

La contaminación más frecuente es la causada por las bacterias pero ya hemos visto que hay otras causas de contaminación. Es importante recordar que *la mayoría de los casos están motivados por la ignorancia o la falta de cuidado por parte del manipulador.*

Fuentes de contaminación

Son 4 los tipos de contaminación de los alimentos:

◆ Contaminación bacteriana.

◆ Contaminación química.

◆ Contaminación vegetal o natural.

◆ Contaminación física.

Veremos cada una de estas fuentes de contaminación con más detalle.

CONTAMINACIÓN BACTERIANA

La contaminación bacteriana es la causa más común de intoxicación alimentaria. Se debe a la ignorancia y a la negligencia del manipulador de alimentos más que a cualquier otra razón. Cualquier impedimento para que los manipuladores desarrollen unas buenas prácticas higiénicas es también un factor contribuyente de contaminación bacteriana. Un espacio de trabajo inadecuado, unas instalaciones de almacenamiento (cámaras de refrigeración, etc.), y de limpieza y desinfección del personal y el equipo deficientes favorecen la aparición de múltiples casos de contaminación cruzada que originan al final la alteración de los alimentos y el surgimiento de brotes de intoxicación alimentaria con resultados a veces fatales.

La falta de espacio de refrigeración supone que los alimentos han de ser abandonados en un ambiente cálido y húmedo durante largos periodos de tiempo, ofreciendo las condiciones ideales para el crecimiento bacteriano. También significa que en un mismo frigorífico se han de amontonar alimentos crudos y cocinados, con un riesgo evidente de contaminación cruzada.

CONTAMINACIÓN QUÍMICA

La contaminación química ocurre cuando el alimento es contaminado con sustancias químicas durante los procesos de almacenamiento, elaboración, cocinado o envasado. Pese a que la mayoría de los casos de contaminación química ocurren en el hogar o durante los procesos de manufactura, ha de mostrarse un gran cuidado en asegurar la ausencia de sustancias químicas (lejía, parafina, ácidos, etc.) en las áreas de manipulación de alimentos.

Estas sustancias deben mantenerse en el recipiente donde se compraron y no transferirse a otros, tales como botellas de limonada, etc.

Tan pronto como estén vacíos, elimine el recipiente de forma segura.

También es posible llegar a padecer una intoxicación química por metales como el plomo, debido a una prolongada absorción a través del cuerpo.

CONTAMINACIÓN VEGETAL O NATURAL

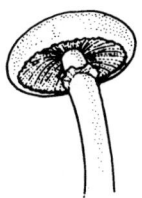

La contaminación natural o vegetal sucede cuando una planta tóxica es confundida o mezclada con otras inocuas. Ejemplos son las setas venenosas, la cicuta, las hojas de ruibarbo, ciertas bayas, etc.

CONTAMINACIÓN FÍSICA

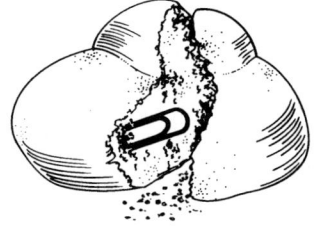

La contaminación física consiste en la incorporación de cuerpos extraños al alimento, que son mezclados accidentalmente con este durante el almacenamiento, la elaboración o el cocinado. Un ejemplo común ocurre cuando mecánicos, fontaneros, etc., trabajan en las áreas de manipulación de alimentos, y éstos no están correctamente cubiertos, de modo que es posible la caída de tornillos, clavos, etc., sobre ellos.

Fuentes de contaminación bacteriana

HOMBRE. La gente porta bacterias alterantes y patógenas en la boca, la nariz, el intestino y la piel. Se habla de *contaminación directa* de los alimentos cuando estas personas los tocan, tosen, estornudan sobre ellos o simplemente silban en las áreas de manipulación. De manera similar, si un manipulador de alimentos no se lava las manos después de ir al baño puede tener lugar una contaminación directa de los alimentos. Se habla de *contaminación indirecta* cuando las bacterias presentes en las aguas residuales alcanzan los alimentos.

Todas las aguas usadas con cualquier propósito en las instalaciones alimentarias deben haber sido adecuadamente tratadas (cloradas).

La fiebre tifoidea de Aberdeen (una enfermedad de origen alimentario) fue causada al utilizar aguas residuales contaminadas para enfriar unas latas de carne de vacuno curado que estaban dañadas.

ALIMENTOS CRUDOS. Todos los alimentos crudos son vehículos de contaminación, especialmente las carnes rojas, las carnes de ave, los mariscos y la leche fresca. ¡Se estima que el 80% de los pollos portan *Salmonella*!

Debería evitarse que el líquido que gotea de alimentos descongelados, especialmente de carne de ave, contaminen las superficies de trabajo, los paños de limpieza, los uniformes, los cuchillos, el equipo, y sobre todo los Alimentos de Alto Riesgo.

> **En todo momento los alimentos crudos han
> de mantenerse separados de los Alimentos de Alto Riesgo
> y de los alimentos cocinados.**

La tierra contiene bacterias nocivas y ha de tenerse gran cuidado en el almacenamiento, manipulación y lavado de las hortalizas crudas para evitar la contaminación procedente del suelo.

INSECTOS Y ROEDORES. Deben tomarse todas las medidas necesarias para mantener a los insectos y roedores fuera de las instalaciones de manipulación de alimentos. Muchos insectos, y especialmente las moscas, tienen cuerpos peludos que recogen y diseminan las bacterias nocivas. Las moscas se asientan sobre las heces e ingieren grandes cantidades de bacterias. Las transportan a los alimentos y vomitan y defecan sobre ellos, contaminándolos.

Los roedores, tanto ratas como ratones, transportan microorganismos, tales como *Salmonella*, y contaminan los alimentos por medio de las heces, la orina, el pelo, al roer los envases, etc. Si se sospecha la presencia de roedores, las superficies han de ser limpiadas y desinfectadas antes de su uso y han de sellarse los posibles puntos de entrada. Si observa la existencia de excrementos de roedores, debe tratarlos como un riesgo serio y avisar inmediatamente al servicio de control de plagas. Mantenga siempre los contenedores bien cerrados. Los roedores generalmente rondan por el borde de las habitaciones y por lo tanto puede disminuir el riesgo de contaminación si evita almacenar productos cerca de las paredes de las áreas de almacenamiento.

ANIMALES Y PÁJAROS. El pelo y las plumas de los pájaros y animales domésticos y salvajes contienen un gran número de bacterias perjudiciales. Incluso los animales de compañía más limpios hospedan grandes cantidades de bacterias peligrosas, y cuando usted los acaricia en las áreas de manipulación de alimentos facilita su diseminación. Si permite que animales domésticos vaguen por las zonas de manipulación de alimentos, facilita en gran manera su contaminación.

POLVO. Siempre hay partículas de polvo en la atmósfera que transportan grandes cantidades de microorganismos perjudiciales. Todos los alimentos deberían cubrirse bien para evitar que el polvo se asiente sobre ellos y los contamine.

DESPERDICIOS Y BASURAS. En relación con la contaminación, éste es un aspecto de particular interés. Los recipientes empleados para contener basura deberían sacarse del área de manipulación de alimentos antes de que estén completamente llenos. Deberían estar hechos de materiales fácilmente desinfectables y esta operación debería realizarse casi diariamente. Idealmente no deberían existir contenedores de basura en las instalaciones de manipulación de alimentos, sino que deberían equiparse éstas con rampas de vertido, tolvas, etc., para eliminar los desperdicios y basuras.

Los cubos de fregar y de la basura, por su misma naturaleza, son un buen medio de asentamiento de bacterias alterantes y patógenas si no se limpian y desinfectan diariamente.

La zona de almacenamiento de desperdicios y basuras (contenedores elevados y con cierre ajustado) deberían recibir también una limpieza y una desinfección diarias.

Usted debe lavarse las manos después de manipular desperdicios y basuras.

Debe evitar contaminar su indumentaria de protección para no transportar bacterias a la zona de manipulación.

No debe olvidar que las bacterias no se mueven por sí mismas, sino que han de ser trasladarse de un sitio a otro para poder diseminarse. Este transporte se realiza por uno de los siguientes métodos:

◆ Las manos.

◆ La indumentaria y el equipo.

◆ Las superficies en contacto con las manos.

◆ Las superficies en contacto con los alimentos.

En la mayoría de los casos de intoxicación alimentaria, las bacterias responsables han sido transferidas a los alimentos por *contaminación cruzada*. Por ejemplo, el manipulador contamina los alimentos al olvidar lavarse las manos después de usar el baño. Otra causa común es cuando se emplea una tabla de corte con alimentos crudos y después, sin desinfección intermedia, se la vuelve a emplear para Alimentos de Alto Riesgo. *Pasar un paño sucio por la tabla no es suficiente para destruir las bacterias perjudiciales*. Es más que probable que, a menos que se empape el paño en una solución desinfectante, contenga más bacterias perjudiciales que la misma tabla, lo que supone otro ejemplo perfecto de contaminación cruzada.

Los cuchillos constituyen una causa frecuente de contaminación cruzada a menos que se esterilicen después de cada tarea. Una vez más, limpiarlos con un paño sucio simplemente empeora las cosas.

Otra área de interés son los lavabos. El manipulador muy frecuentemente tiene las manos sucias y cuando abre el grifo lo contamina. Una vez que ya tiene limpias las manos vuele a contaminarlas al cerrarlo. Además el grifo contaminado sirve de frecuente origen de Contaminación Cruzada. Al final de la jornada, los grifos, los lavabos y las manijas de las puertas están completamente infectadas con bacterias peligrosas que se han diseminado por toda la zona de manipulación de alimentos.

Eche un vistazo por las instalaciones de manipulación de alimentos y busque lugares o circunstancias que puedan permitir la Contaminación Cruzada.

¿Tienen todos los contenedores de basura su tapa correspondiente?

¿Esteriliza diariamente todos los paños, fregonas y cubos?

¿Almacena todos los vegetales separados de los Alimentos de Alto Riesgo?

¿Utiliza los mismos refrigeradores o los mismos expositores en refrigeración para alimentos crudos y cocinados?

¿Con qué frecuencia desinfecta los grifos y lavabos?

¿Dónde guarda los productos de limpieza?

Ahora complete las siguientes preguntas sin prisa alguna. Cuando haya terminado, revíselas leyendo de nuevo la sección 7. Después puede corregirlas (soluciones al final del texto).

1 Rellene las letras que faltan para completar la lista de fuentes de bacterias que causan contaminación

   a _O_B_E
   b _L_M_N_O_ _   C_U_O_ _
   c _N_E_T_S
   d _O_D_R_S
   e _N_M_L_S
   f _A_A_O_
   g _O_V_
   h _A_U_A_

2 El traslado de bacterias desde los alimentos crudos a los ya cocinados por fallo en las prácticas higiénicas se denomina...

   a Contaminación ☐
   b Contaminación cruzada ☐
   c Intoxicación alimentaria ☐
   d Desinfección ☐

3 ¿Cuál es la causa más probable de contaminación bacteriana?

   a Guardar los productos y materiales de limpieza en el área de manipulación de alimentos ☐
   b Unas prácticas de manipulación de alimentos no higiénicas y la falta de un almacenamiento adecuado ☐
   c Realizar trabajos de mantenimiento mientras se manipulan alimentos ☐
   d Emplear frutas y verduras no usuales en la cocina ☐

4 ¿Cuál es la causa más probable de contaminación química?

   a Guardar los productos y materiales de limpieza en el área de manipulación de alimentos ☐
   b Unas prácticas de manipulación de alimentos no higiénicas y la falta de un almacenamiento adecuado ☐
   c Realizar trabajos de mantenimiento mientras se manipulan alimentos ☐
   d Emplear frutas y verduras no usuales en la cocina ☐

5 ¿Cuál es la causa más probable de contaminación física?

   a Guardar los productos y materiales de limpieza en el área de manipulación de alimentos ☐

   b Unas prácticas de manipulación de alimentos no higiénicas y la falta de un almacenamiento adecuado ☐

   c Realizar trabajos de mantenimiento mientras se manipulan alimentos ☐

   d Emplear frutas y verduras no usuales en la cocina ☐

6 **Las bacterias pueden trasladarse por el área de manipulación de alimentos por sí mismas** VERDADERO/FALSO

7 **Es legalmente obligatorio informar de todos los casos de intoxicación alimentaria** VERDADERO/FALSO

8 ¿Cuál es, de las siguientes, la causa más probable de contaminación cruzada?

   a Hornos y cocinas ☐

   b Interior de congeladores y refrigeradores ☐

   c Grifos, asas de frigoríficos y botones de control de hornos y cocinas ☐

   d Unas instalaciones reducidas ☐

9 ¿Cuál de las siguientes tareas es más probable que cause contaminación cruzada?

   a Cortar carne en cubos ☐

   b Picar hígados para hacer paté ☐

   c Abrir y cerrar la puerta del horno ☐

   d Elaborar sándwiches inmediatamente después de limpiar pollos ☐

10 Usted debe lavarse las manos...

   a Antes de manipular desperdicios y basuras

   b Después de manipular desperdicios y basuras

   c Antes y después de manipular desperdicios y basuras

SECCIÓN OCHO

EL ALMACENAMIENTO DE LOS ALIMENTOS

En la industria alimentaria es esencial disponer de métodos de almacenamiento de alimentos correctos. Han de mantenerse unas condiciones de control de temperatura, limpieza, ventilación y rotación de stocks satisfactorias para poder asegurar unas buenas condiciones de higiene.

Figura 8.1 La correcta conservación de los alimentos.

La renuncia a estas necesidades básicas originará la alteración de los alimentos, la pérdida de su aptitud para el consumo humano, su enranciamiento, decoloración y la infestación por roedores e insectos. Para mantener estas necesidades mínimas, se ha de disponer de un espacio de almacenamiento y un personal adecuados. Independientemente de lo pequeña que sea la empresa o lo reducido de la cantidad de alimentos a almacenar, deberían poseerse áreas separadas para cada categoría de alimentos.

> *Los materiales y productos de limpieza deberían guardarse lejos de los alimentos almacenados para impedir el contacto entre ellos siempre que sea posible (en una habitación separada de las zonas de elaboración y almacenamiento).*

Clasificamos las áreas de almacenamiento en 4 grupos:

- Almacenamiento de **alimentos secos**
- Almacenamiento de **frutas y verduras**
- Almacenamiento en **congelación**
- Almacenamiento en **refrigeración**

Obviamente, el espacio de almacenamiento necesario depende del volumen de alimentos. En general, debería evitarse la excesiva acumulación de stocks, ya que el sobrealmacenamiento favorece la alteración y la infestación por insectos y roedores.

Un elemento que a menudo se descuida cuando se diseñan o utilizan las instalaciones de almacenamiento, es proporcionar el espacio adecuado que permita la libertad de movimientos necesaria para la rotación de stocks y la limpieza. Dentro de la nevera ha de colocar los alimentos de modo que entre ellos exista el suficiente espacio para que pueda circular el aire libremente. Debe prestar especial atención a la cantidad de alimentos que

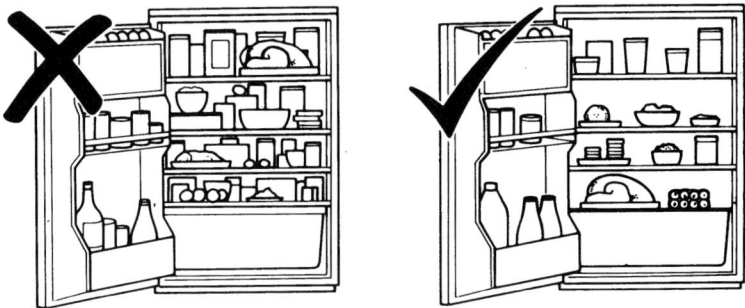

Figura 8.2 La correcta conservación en refrigeración.

almacena en un frigorífico; es esencial la existencia de suficiente espacio entre los alimentos para que se mantenga la circulación del aire frío. La sobrecarga del frigorífico es quizá la causa más probable de alteración de los alimentos perecederos.

El almacenamiento de alimentos secos

Este área es donde se almacenan alimentos secos como alimentos enlatados, cereales, harina, azúcar, galletas, té, café y otros alimentos no perecederos y debería cumplir los siguientes requisitos:

- Ser una zona seca, fresca, bien ventilada, protegida contra los insectos y roedores, y mantenerse limpia y ordenada.

- Los alimentos no han de contactar con el suelo, sino estar al menos a 30,5 cm de altura, sobre repisas de listones de acero inoxidable o similar.

- Deberían emplearse recipientes con tapa para productos como la harina y el azúcar, para mantenerlos secos y fuera del alcance de gusanos e insectos.

- Las repisas no deberían ser demasiado profundas para evitar que los artículos situados al fondo se mantengan un tiempo excesivo, lo que favorecería su alteración y la posibilidad de contaminar otros lotes.

- Toda caída al suelo de alimentos debe limpiarse inmediatamente, y se ha de establecer un sistema regular de limpieza de suelos, paredes y esquinas.

- Para hacer esto de manera eficiente se requiere la existencia del espacio suficiente para poder trasladar la carga durante las operaciones de limpieza.

- Todos los lotes, especialmente los productos enlatados, han de ser inspeccionados en relación a la presencia de abolladuras, corrosión, infestación, fecha de caducidad, etc., antes de permitir su almacenamiento.

- Debe prestarse una especial atención a la presencia de latas hinchadas, corroídas y abolladas.

- Siempre que se introduzcan nuevos artículos, los antiguos han de colocarse en la parte anterior de la repisa para asegurar que se utilicen primero.

- La rotación estricta de stocks reduce la alteración de los alimentos y la infestación por plagas.

El almacenamiento de frutas y verduras

Realmente, son muy pocas las frutas y verduras que requieren la refrigeración para mantenerse frescas. Deberían comprarse diariamente si fuera posible, tanto para estar seguros de su frescura, como para adecuarse a las variaciones de precio. Es apropiada una zona fresca, seca, bien ventilada, con repisas de listones de acero inoxidable. La mayoría de las frutas y verduras se puede almacenar en los mismos envases de compra; el transferirlos a otros sólo incrementa el riesgo de alteración y contaminación.

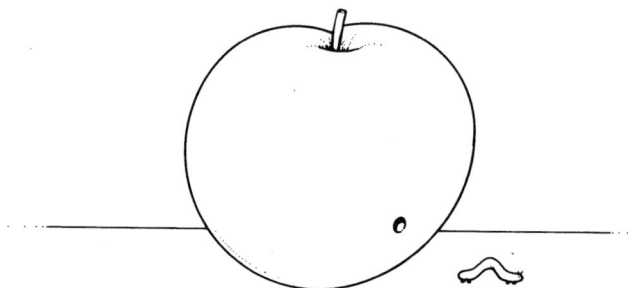

Debe establecerse una inspección cuidadosa y diaria del estado de las frutas y verduras porque estos productos se deterioran muy rápidamente.

> **Recuerde el refrán: «Sólo se necesita una manzana podrida...»**

El almacenamiento en congelación

◆ Los alimentos congelados necesitan una atención especial. Mucha gente piensa que por el hecho de estar congelados ya son totalmente seguros y pueden ser tratados sin cuidado.

◆ Realmente ocurre lo contrario; por estar congeladas han de ser manejadas con un cuidado especial.

◆ El área de almacenamiento en congelación ha de estar seca, bien ventilada y limpia.

◆ Asegúrese de que las cámaras de congelación funcionan a la temperatura correcta para garantizar que los alimentos se mantienen congelados.

◆ Asegúrese de que las puertas de las cámaras de congelación cierran correctamente y establezca un sistema de inspección periódico.

> *La temperatura ideal de almacenamiento en congelación es −18°C*

◆ Nunca supere el límite de carga de la cámara y coloque los productos nuevos detrás o debajo de los antiguos para asegurar una buena rotación de stocks.

◆ Todos los alimentos congelados tienen una vida útil en congelación (período de tiempo en el que, congelados, se mantienen aptos para el consumo humano), que ha de ser inspeccionada regularmente.

◆ No acepte lotes de artículos congelados con temperaturas superiores a −10°C.

◆ Asegúrese de que una vez aceptados, los artículos recibidos congelados se emplazan inmediatamente en cámaras de almacenamiento en congelación adecuadas.

> *Nunca recongele alimentos que han sido descongelados y no usados*

Generalmente, los alimentos congelados que usted compra han sido conseguidos por medio de procesos de alta tecnología que producen muchos cristales pequeños en el interior del alimento, lo que reduce su alteración y mantiene su calidad. Cuando usted utiliza un congelador doméstico para recongelar alimentos, los cristales que se forman son grandes y destruyen la textura y la calidad del alimento, incrementando el riesgo de alteración.

Un alimento descongelado ha alcanzado una temperatura que permite a las bacterias presentes multiplicarse activamente.

Si el alimento ha sido simplemente abandonado abierto a temperatura ambiente en el área de manipulación de alimentos, probablemente se contaminará, y las bacterias comenzarán a crecer y multiplicarse sobre él. Si lo recongelamos, dado que el frío no las destruye en general, solamente estamos retrasando una probable intoxicación alimentaria.

Los alimentos que se conservan en congelación deberían estar envasados adecuadamente. El hecho de que las bacterias no crezcan a temperaturas de congelación, no significa que no pueda tener lugar la contaminación cruzada.

Los alimentos conservados en congelación y no envasados pueden sufrir alteraciones como la *«quemadura de la congelación»*, que deseca la superficie del alimento formando una costra blanquecina, alteración que supone pérdida de nutrientes y disminución de la calidad del producto.

Almacenamiento en refrigeración

Todos los alimentos perecederos, especialmente los Alimentos de Alto Riesgo (productos lácteos, carnes cocinadas, pescados y carnes de ave) deberían almacenarse en refrigeración para evitar ser contaminados por bacterias perjudiciales.

La refrigeración a temperaturas por debajo de 4°C inhibe el crecimiento de la mayoría de las bacterias patógenas ¡PERO NO LAS MATA! La alteración de los alimentos debido a las bacterias y hongos y levaduras alterantes también se ve reducida.

El **control de la temperatura** es el factor más importante para prevenir el crecimiento bacteriano y la aparición de brotes de intoxicación alimentaria. Un empleo correcto de las cámaras de refrigeración debe ser parte fundamental de la formación higiénica del manipulador. Los refrigeradores deberían situarse en zonas bien ventiladas donde no exista ninguna fuente de calor ni dé directamente la luz del sol.

La cámara de refrigeración debería estar construida con materiales fácilmente lavables, con revestimientos internos y repisas impermeables y resistentes a la corrosión. El aislamiento de la puerta debería ser inspeccionado regularmente y toda la unidad debería poseer un servicio de mantenimiento regular.

Usted debería limpiar y eliminar la escarcha de forma periódica, al menos semanalmente, evitando el empleo de sustancias de limpieza perfumadas, y en su lugar una disolución de una cucharada sopera de bicarbonato sódico en 4,5 litros de agua.

CONTROL DE TEMPERATURA

La cámara de refrigeración ha de operar a una temperatura entre **1 y 4°C**. Ha de haber siempre un termómetro localizado en la parte menos fría de la cámara y la temperatura debe ser inspeccionada y registrada **diariamente**.

La cámara de refrigeración funcionará correctamente si existe el espacio suficiente entre los alimentos para que el aire frío circule y mantenga baja la temperatura.

Al sobrecargar el refrigerador, está impidiendo que circule el aire frío, con lo que los alimentos no alcanzan la temperatura deseada de 1-4°C, favoreciendo así la alteración y la contaminación de los alimentos.

- Todos los alimentos conservados en refrigeración deberían estar envasados de modo que permitan su identificación, reduciendo simultáneamente el riesgo de contaminación cruzada.

- Nunca debería meter alimentos calientes en la nevera.

- Nunca introduzca en el refrigerador alimentos calientes, pues elevarían la temperatura interna del frigorífico, lo que estimularía el crecimiento bacteriano; causaría condensación, favoreciendo la contaminación cruzada; y obligaría a la maquinaria a un sobreesfuerzo, con el peligro de quemar el motor.

- Nunca conserve en refrigeración alimentos en latas abiertas, ya que muchos alimentos enlatados contienen ácidos que pueden atacar la lata y causar su contaminación y alteración (por ejemplo zumos de frutas, tomate frito, etc.). Es mejor transferirlos a recipientes de plástico con tapa antes de meterlos en el refrigerador.

- Evite abrir las puertas del refrigerador más de lo necesario y ciérrelas cuanto antes. La puerta de la nevera abierta supone la elevación de la temperatura interna, lo que estimula el crecimiento bacteriano, la contaminación y la alteración del alimento.

Hoy en día, casi todos los hogares poseen una nevera y un congelador en el que se conservan juntas carnes crudas y cocinadas, productos lácteos, etc.

Esta combinación es bastante peligrosa y es inaceptable en la industria.

> **Recomendamos encarecidamente la existencia de un MÍNIMO DE 3 REFRIGERADORES; uno para pescados y productos cárnicos crudos; otro para productos cocinados y otro para productos lácteos.**

De este modo reducimos el riesgo de contaminación cruzada favoreciendo una mejor rotación de stocks.

Si sólo se dispone de un refrigerador, es absolutamente preciso colocar los alimentos de la forma siguiente:

* **Las carnes y pescados crudos en la parte inferior.**
* **Los alimentos cocinados en el centro.**
* **Los productos lácteos en la parte superior.**

Así evitamos que la sangre y los exudados de la descongelación goteen sobre los alimentos cocinados y los productos lácteos (que son Alimentos de Alto Riesgo) que no van a ser cocinados o recalentados antes de ser consumidos.

Tanto en congelación como en refrigeración, los artículos antiguos han de ser colocados en la parte delantera de las repisas, de modo que sean los primeros en ser utilizados.

El empleo de un sistema de fechado de los diferentes lotes permite establecer un sistema de rotación de stocks eficiente e higiénico.

El cumplimiento de las recomendaciones de «vida útil» o «período de caducidad», garantizan que los alimentos sean seguros y aptos para el consumo.

Los alimentos cocinados que no van a ser consumidos inmediatamente tras su preparación, sino que se toman fríos, deben ser refrigerados tan pronto (menos de 1,5 horas) y tan rápidamente como sea posible tras su elaboración para frenar la multiplicación de bacterias alterantes y patógenas.

> **El control de tiempo y temperatura**
> **son los factores críticos para inhibir**
> **el crecimiento de bacterias perjudiciales**

EL ALMACENAMIENTO DE LOS ALIMENTOS 69

 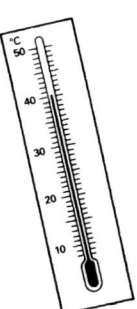

Los alimentos deberían mantenerse fuera de la Zona de Peligro, y los períodos de tiempo entre la refrigeración y el cocinado, entre éste y el consumo; o entre el cocinado y la refrigeración y entre ésta y el consumo deben ser lo más breves posible.

Los alimentos no necesitan tener un mal aspecto, olor o sabor para ser peligrosos.

Los alimentos que no van a ser consumidos inmediatamente tras su preparación culinaria deben mantenerse a temperaturas de más de 65°C o menos de 5°C.

Ahora complete las siguientes preguntas sin prisa alguna. Cuando haya terminado, revíselas leyendo de nuevo la sección 8. Después puede corregirlas (soluciones al final del texto).

1 La temperatura óptima de almacenamiento en congelación es...

   a   18°C
   b   −18°C
   c   37°C
   d   −37°C

2 La temperatura óptima de almacenamiento en refrigeración es...

   a 1°C-4°C
   b 5°C-65°C
   c 18°C
   d 37°C

3 Un refrigerador funciona mejor si está completamente lleno de alimentos VERDADERO/FALSO

4 ¿Cuál es el mejor material para las repisas para almacenar alimentos secos?

   a Repisas de listones de acero inoxidable
   b Repisas lisas de acero inoxidable
   c Repisas de listones de madera
   d Repisas lisas de madera

5 Todos los alimentos congelados son completamente seguros frente a la contaminación VERDADERO/FALSO

6 No es perjudicial meter alimentos calientes en el refrigerador VERDADERO/FALSO

7 La apertura frecuente de la puerta de la nevera incrementa el riesgo de multiplicación bacteriana VERDADERO/FALSO

8 ¿Cuál de las siguientes afirmaciones es correcta?

   a El cocinado de los alimentos evita su contaminación
   b Los alimentos contaminados pueden tener un aspecto, olor y sabor normales
   c La mejor manera de descongelar un pollo congelado es poniéndolo bajo un chorro de agua caliente
   d La temperatura de funcionamiento de una nevera es de −18°C

9 Si dispusiera de 3 cámaras de refrigeración. ¿Qué pondría en cada una?

   a _____
   b _____
   c _____

EL ALMACENAMIENTO DE LOS ALIMENTOS

10 Los alimentos que se toman fríos después de su cocinado han de ser refrigerados en un período de tiempo menor de...

   a   24 horas

   b   12 horas

   c   4 horas

   d   1,5 horas

11 La refrigeración y la congelación destruyen las bacterias patógenas
                                                                                                   VERDADERO/FALSO

12 Los alimentos que no van a ser consumidos inmediatamente después de su preparación culinaria se deben mantener a una temperatura de...

   a   Mayor de 65°C o menor de 5°C

   b   Mayor de 50°C o menor de 5°C

   c   Mayor de 37°C o menor de 5°C

   d   Mayor de 18°C o menor de 5°C

13 No es necesario realizar la rotación de stocks ni en refrigeración ni en congelación   VERDADERO/FALSO

14 Si sólo se dispone de un aparato de refrigeración, la carne cruda y la carne de ave debería colocarse en la parte superior
                                                                                                   VERDADERO/FALSO

15 No se deberían conservar latas abiertas en la nevera
                                                                                               VERDADERO/FALSO

16 Es siempre más seguro mantener envasados los alimentos conservados en refrigeración   VERDADERO/FALSO

17 Un alimento congelado puede mantenerse en estado congelado de manera indefinida sin perder su calidad   VERDADERO/FALSO

SECCIÓN NUEVE

LA DESCONGELACIÓN DE LOS ALIMENTOS

Con las modernas técnicas disponibles hoy en día, es posible cocinar muchos alimentos congelados sin necesidad de descongelarlos primero. Muchos productos alimenticios de hecho no deben ser descongelados, debido al modo en que han sido elaborados. Los pequeños trozos de carne de mamífero y ave, los productos derivados de pescado, carne o carne de ave precocinados y reformados se encuadran dentro de este tipo. Sin embargo, las piezas grandes de carne o las aves congeladas enteras **DEBEN** descongelarse completamente antes de ser cocinadas.

La carne de ave

Todos los alimentos congelados, y especialmente la carne de ave, deben descongelarse en refrigeración y nunca bajo un chorro de agua caliente.

La carne de ave es una importante fuente de *Salmonella*, y ha de tenerse un gran cuidado cuando se descongela para reducir el riesgo de contaminación cruzada a partir del líquido que exuda al descongelarse, que podría contaminar las tablas de trabajo, el equipo, los cuchillos o la indumentaria.

Si descongeláramos por medio de agua caliente, la superficie del pollo se descongelaría mucho más rápidamente que la porción interna. Mientras las zonas más profundas se descongelan, las porciones externas habrían alcanzado una temperatura lo suficientemente alta para permitir el crecimiento de *Salmonella*.

Además, sería probable que el centro del pollo no estuviera completamente descongelado pese a que externamente sí lo pareciera, y si lo metiésemos en este estado en el horno, bien pudiera suceder que la zona interna no sufriera el tratamiento térmico necesario para destruir a las bacterias presentes. Además el lavabo y los grifos (que como ya sabemos constituyen una fuente importante de contaminación cruzada) se contaminarían intensamente con el exudado de la descongelación.

> *Los alimentos ya cocinados que son enfriados antes de ser refrigerados nunca deberían estar en la misma zona que donde se descongela carne o carnes de ave.*
>
> *El mejor modo de garantizar que los alimentos se han descongelado completamente consiste en emplear un termopar digital situado en el centro del alimento.*

CÓMO MANIPULAR LA CARNE DE AVE CONGELADA

La carne de ave congelada de cualquier tipo ha de ser manipulada con sumo cuidado en todas las fases de almacenamiento, preparación, cocinado y presentación. La carne de pollo es una de las causas más comunes de intoxicación alimentaria.

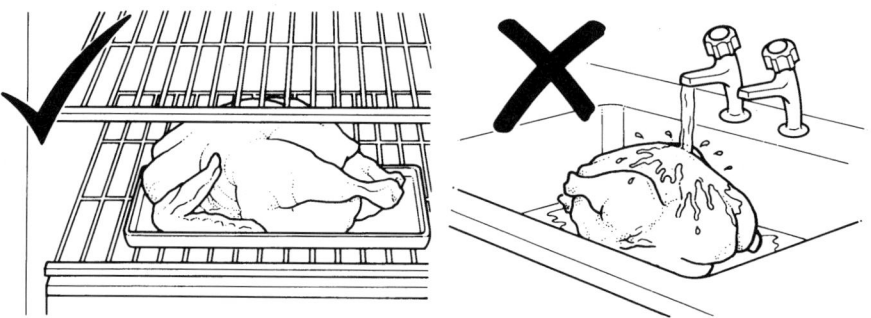

◆ Conserve siempre el pollo congelado separadamente del resto de alimentos congelados (idealmente utilizando congeladores separados, o al menos bandejas y repisas diferentes).

◆ Cuando descongele carne de ave, hágalo en el refrigerador. La descongelación es completa sólo cuando el cuerpo y las extremidades se hacen flexibles y desaparecen **todos** los cristales de hielo.

◆ Una vez descongelada, la carne de ave ha de ser cocinada inmediatamente o mantenida en refrigeración antes de ser cocinada durante un máximo de 24 horas.

◆ Elimine siempre las entrañas del ave antes de cocinar. Nunca cocine aves con ellas dentro.

◆ Si se va a rellenar el ave, debería realizarse esta operación desde el cuello y nunca rellenando la cavidad corporal. Idealmente, el relleno debería ser cocinado separadamente. La cavidad corporal es muy húmeda y cuando se mete el relleno, que normalmente contiene pan rallado, el agua pasa al relleno. El relleno forma una masa muy densa y el calor del horno a veces no penetra suficientemente al centro del relleno antes de que el ave esté cocinada. Esto deja al relleno con un cocinado parcial permitiendo el crecimiento de las bacterias que no han sido destruidas por este tratamiento insuficiente. A menos que el ave se sirva inmediatamente, cuando vaya a ser consumido estará literalmente infestado de bacterias patógenas, casi asegurando el estallido de un brote de intoxicación alimentaria.

◆ Todos los utensilios, superficies de trabajo, equipo, lavabos, desagües y grifos utilizados para preparar carnes crudas y carnes de ave deben ser concienzudamente desinfectadas tras su uso y nunca empleados para preparar alimentos cocinados sin tal limpieza y desinfección.

◆ Una vez cocinada, la carne de ave debería ser consumida de inmediato. Si se va a servir fría entonces debería ser enfriada

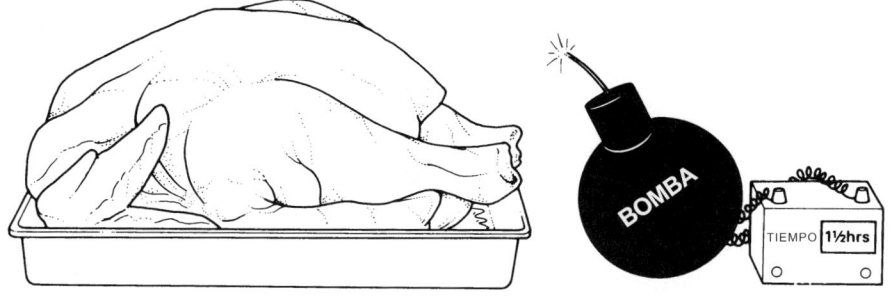

rápidamente (en menos de 1,5 horas), idealmente en un refrigerador de aire forzado y después conservada en refrigeración hasta su consumo, como mucho 12 horas tras su cocinado.

> *Todas las carnes, incluida la de ave, deberían alcanzar la temperatura de refrigeración en menos de 1,5 horas tras su preparación culinaria si no se han de consumir en seguida.*

◆ Evite manipular carne de ave cocinada cuanto sea posible para reducir el peligro de contaminación cruzada.

Ahora complete las siguientes preguntas sin prisa alguna. Cuando haya terminado, revíselas leyendo de nuevo la sección 9. Después puede corregirlas (soluciones al final del texto).

1 Los alimentos cocinados que se van a servir fríos han de ser enfriados y refrigerados en menos de...

   a 24 horas
   b 12 horas
   c 3 horas
   d 1,5 horas

2 Idealmente, este proceso de enfriamiento hasta alcanzar la temperatura de refrigeración debería realizarse en...

   a Una nevera
   b Una habitación fresca

LA DESCONGELACIÓN DE LOS ALIMENTOS

    c Un refrigerador de aire forzado

    d En la cocina durante la noche

3 **Los alimentos congelados pueden ser conservados en congelación durante...**

    a 1 mes

    b 2 meses

    c 3 meses

    d El tiempo que indique el envase

4 **Los alimentos congelados que son adquiridos a una temperatura de más de –10°C deberían ser...**

    a Colocados inmediatamente en un congelado

    b Utilizados cuanto antes

    c Devueltos al producto

    d Descongelados completamente y conservados en refrigeración

5 **Se puede recongelar alimentos envasados sin abrir que fueron previamente descongelados**   VERDADERO/FALSO

6 **Si usted dispone sólo de un frigorífico en la cocina. ¿Dónde colocaría una pieza grande de carne de vacuno?**

    a En la bandeja de arriba

    b Encima de los productos lácteos

    c En el centro del frigorífico

    d En la bandeja inferior de la nevera

7 **Todo el equipo, utensilios y superficies de trabajo deberían ser desinfectadas tras descongelar carne de ave**   VERDADERO/FALSO

8 **¿Cómo debería cocinar un relleno para ave para asegurar el tratamiento térmico y minimizar el crecimiento bacteriano?**

    a En el interior de la cavidad del ave

    b Por separado del ave

    c En el cuello del ave

SECCIÓN DIEZ

DISEÑO DEL LOCAL DE MANIPULACIÓN DE LOS ALIMENTOS

Necesidades esenciales

Aunque pueda parecer obvio, para asegurar unas buenas condiciones higiénicas en el trabajo de diseñar, construir o adaptar un local de manipulación de alimentos, han de considerarse los siguientes aspectos:

◆ **Un suministro eléctrico adecuado.** Usted necesitará asegurar que posee el suministro eléctrico necesario tanto para el equipo monofásico como para el trifásico.

◆ **Un suministro de gas adecuado.** Usted ha de asegurarse de que realmente tienen acceso a un suministro de gas suficiente.

◆ **Un abastecimiento de agua potable suficiente.** Es esencial garantizar un abastecimiento de agua tratada en la cantidad suficiente.

◆ **Un sistema de depuración de aguas residuales apropiado.** Debe usted garantizar que las instalaciones poseen un sistema de tratamiento de efluentes adecuado.

◆ **Una zona de acceso de mercancías conveniente.** Usted necesitará un espacio adecuado para la entrada y salida de vehículos de transporte.

◆ **Un sistema de eliminación de desperdicios y basuras conforme con las necesidades.** Usted debe garantizar la existencia de un servicio adecuado de recogida de basuras o establecer un contrato privado para eliminar la basura de sus instalaciones.

Una vez estas exigencias se ven cumplidas, ha de examinarse la construcción y diseño de los locales en sí mismos; hay un montón de cosas a considerar cuando se planifican o diseñan unas instalaciones de manipulación de alimentos de modo que puedan operar de forma fácil, higiénica y segura.

◆ Deben existir en los locales zonas totalmente separadas que se dedicarán a tareas específicas. Por ejemplo, la zona de lavado de vajilla o la de preparación de verduras no deben estar cerca o dentro de la de manipulación de alimentos ya cocinados. Existen ciertas secciones de preparación que deben estar completamente separadas: el área de preparación de alimentos cocinados respecto del área de preparación de alimentos crudos y carnes.
A la hora de diseñar los diagramas de flujo de operaciones a lo largo del local, deben evitarse «los cruces», para disminuir el riesgo de contaminación cruzada.

◆ Ha de disponerse de las áreas de refrigeración, enfriamiento, cocinado y conservación adecuadas para evitar que el alimento se contamine.

◆ Han de establecerse unas buenas prácticas higiénicas, instalando la infraestructura necesaria para ello; tanto de higiene personal (lavamanos con agua caliente y fría, cepillo de uñas y jabón desinfectante, un sistema de secado de las manos, un servicio adecuado de limpieza y desinfección de los W.C., etc.), como de toda la instalación (diseñando el equipo y el espacio de modo que permita una limpieza y desinfección totales).
Las instalaciones de lavado de los alimentos, las empleadas para la limpieza del equipo y las dedicadas a la limpieza personal han de establecerse separadas.
Las instalaciones han de poseer un adecuado abastecimiento de agua caliente y fría.

◆ Las instalaciones deberían diseñarse de modo que permitieran la limpieza y desinfección con el mínimo esfuerzo.

◆ Ha de instalarse un sistema que evite la entrada de insectos y roedores.

◆ El personal debería disponer de áreas de uso exclusivo (vestuarios, áreas de descanso, etc.).

◆ Debe instalarse la ventilación, el aire acondicionado y la luz adecuadas para proteger a los alimentos y salvaguardar las condiciones de trabajo.

Principios de diseño específicos

Existen ciertos principios particulares de importancia:

TECHOS

Los techos deben ser lisos, de color claro, ignífugos, duraderos, abovedados para evitar la presencia de esquinas y lavables. La ausencia de esquinas impide que la suciedad y el polvo, que contienen bacterias perjudiciales se asienten en ellas, además facilita su limpieza.

Un techo abovedado es aquel en el que las paredes que lo forman no establecen ángulos rectos, sino una curva suave.

ÁNGULO RECTO   CURVA SUAVE

VENTANAS

Donde sea posible, las ventanas deberían estar orientadas al norte para aminorar en lo posible el deslumbramiento y el calor de la luz solar. Todas las ventanas deben poseer mallas contra los insectos y ser de limpieza sencilla.

Los alféizares de las ventanas deberían ser inclinados o ser muy estrechos para facilitar su limpieza y para evitar convertirse en «zonas de almacenamiento» de alimentos, plantas, etc.

PAREDES

Las paredes deben ser lisas, de color claro, duraderas, impermeables y lavables. En el curso de un día de trabajo normal, las paredes se manchan con restos de alimento, etc., y han de ser capaces de resistir el calor, los golpes, la limpieza y la desinfección.

Las paredes internas deben ser sólidas, ya que si tuvieran cavidades podrían albergar a insectos y roedores.

Cuando se utilizan baldosas en las paredes, ha de evitarse la presencia de espacios vacíos entre éstas y la pared, donde podrían morar insectos.

Un material de revestimiento de las paredes, mejor que las baldosas, son los paneles de polipropileno con las costuras soldadas. Este método proporciona un acabado homogéneo e higiénico a toda la pared, pues no presenta costuras y es más fácil de limpiar.

SUELOS

La cosa más importante a considerar respecto de los suelos es que han de ser impermeables, de limpieza fácil y lo menos resbaladizos posible. Los suelos sufren gran número de agresiones tanto en las horas de trabajo como durante las tareas de limpieza y han de ser resistentes a los golpes, a los agentes de limpieza y a los líquidos calientes.

Si fuera posible, los suelos deberían tener una ligera pendiente hacia un desagüe, facilitando la eliminación de líquidos y así la limpieza, evitando la necesidad de emplear fregonas, que son poco higiénicas ya que tienen una desinfección difícil y las bacterias existentes en la fregona serían sembradas sobre el suelo cuando éste fuera «limpiado».

Si el suelo está inclinado hacia un desagüe, puede limpiarse fácilmente con una manguera, y el agua se irá por el desagüe sin necesidad de fregonas.

ACABADOS DE MADERA

En principio no debieran existir acabados de madera en ningún área de manipulación de alimentos. Si es necesario, por ejemplo en los cuadros de las ventanas, etc., se puede utilizar madera dura bien curada, tratada con una capa tapaporos y al menos con tres capas de pintura de poliuretano.

EL EQUIPO

Todo el equipo de la planta debería estar situado al menos a 30,5 cm de las paredes para permitir una limpieza fácil y adecuada. Si esto no es posible, entonces el equipo debería tener ruedas para poder desplazarlo.

DISEÑO DEL LOCAL DE MANIPULACIÓN DE LOS ALIMENTOS

> *Las instalaciones han de diseñarse de modo que permitan la limpieza y desinfección de todas las superficies y el equipo con el mínimo esfuerzo.*

Ahora complete las siguientes preguntas sin prisa alguna. Cuando haya terminado, revíselas leyendo de nuevo la sección 10. Después puede corregirlas (soluciones al final del texto).

1 Es una obligación legal el que los locales de manipulación de alimentos posean un adecuado abastecimiento de agua caliente y fría potables
VERDADERO/FALSO

2 Para reducir el riesgo de contaminación cruzada deberían existir áreas separadas para la preparación de alimentos crudos y cocinados
VERDADERO/FALSO

3 ¿Qué debería haber en un lavamanos de un local de manipulación de alimentos?

    a Agua caliente y fría
    b Cepillo de uñas y jabón desinfectante
    c Un sistema para secarse las manos
    d Todos los anteriores

4 Debe existir un lavamanos con todo lo necesario al lado del W.C.
VERDADERO/FALSO

5 Las paredes de los locales de manipulación de alimentos deben ser fáciles de limpiar
VERDADERO/FALSO

6 El equipo que está demasiado cerca de las paredes debería tener ruedas para facilitar la limpieza
VERDADERO/FALSO

7 La ausencia de zonas apropiadas de refrigeración, enfriamiento, cocinado y conservación contribuyen a la contaminación del alimento
VERDADERO/FALSO

8 Haga un dibujo esquemático de lo que es una esquina o techo abovedado

SECCIÓN ONCE

EL EQUIPO

Todo el equipo, las superficies, las herramientas, etc., que se emplean en la industria alimentaria han de diseñarse teniendo en cuenta su higiene. El equipo no sólo ha de ser capaz de realizar el trabajo para el que se destina, sino también ha de ser susceptible de una limpieza y desinfección rápida, fácil y completa.

La existencia de una pieza del equipo difícil de limpiar supone la acumulación gradual de residuos orgánicos que serán asiento de bacterias, que probablemente darán lugar a contaminación cruzada por todo el área de manipulación. El equipo puede ser algo tan simple como una picadora de carne o un colador, que tienen grietas y escondrijos difíciles de limpiar. El personal puede no tener el tiempo o la paciencia para limpiarlos adecuadamente y accidentalmente se pueden infectar con bacterias perjudiciales.

DURABILIDAD

El equipo a comprar debería ser duradero y resistente. La renovación del equipo es cara, y a menudo se mantiene en uso aun cuando sea ya peligroso para el alimento. Por ejemplo, las tazas, platos, etc., que están mellados o agrietados albergan miles, si no millones, de bacterias perjudiciales y constituyen un grave riesgo para la salud. Cualquier pieza de vajilla desportillada o agrietada debería ser desechada inmediatamente.

NATURALEZA DEL MATERIAL DEL EQUIPO

Debe examinar cuidadosamente la naturaleza de los materiales empleados en el equipo que va a comprar. Si el material es un metal, debe asegurarse de que resiste la corrosión y las agresiones mecánicas que probablemente sufrirá cuando sea usado.

Los plásticos deberían mirarse con precaución pues algunos de ellos se funden a temperaturas bastante bajas o pueden disolverse en los alimentos. Otros son muy frágiles y quebradizos y pueden contaminar físicamente el alimento.

La madera no debería emplearse en modo alguno. La madera es un material muy absorbente y muy difícil de esterilizar, además es frágil; con lo que la probabilidad de contaminación cruzada cuando se emplea en el equipo material de madera es muy alta.

BANCOS Y SUPERFICIES DE TRABAJO

Deberían ser de acero inoxidable que es un material resistente y fácilmente esterilizable.

TABLAS DE CORTE

Deberían ser de poliuretano o de otro material que pudiera ser fácilmente esterilizable. En su limpieza y desinfección ha de tenerse un gran cuidado puesto que las tablas de corte constituyen una causa frecuente de contaminación cruzada.

Tablas específicas han de destinarse sólo a trabajos particulares, y ahora se dispone de poliuretano coloreado, de modo que faciliten la adscripción de colores de tabla a las distintas tareas.

En general, han de utilizarse tablas diferentes para las siguientes operaciones:

- Preparación de carnes crudas y carnes de ave.
- Preparación de pescado crudo.
- Preparación de alimentos cocinados.
- Preparación de vegetales crudos.
- Preparación de productos lácteos.

Es posible también adquirir cuchillos con el mango coloreado para ayudar a reducir el peligro de contaminación cruzada.

ESTANTERÍAS

Deberían ser de metal y recubiertas de un material fácilmente lavable y preferiblemente de listones mejor que lisas. Cuando se coloquen en torno a las paredes deberían situarse al menos a 5-8 cm de la pared para que tanto la estantería como la pared puedan ser limpiadas y desinfectadas fácilmente.

CAJONES

No debería haber cajones en los locales de manipulación de alimentos. Son difíciles de limpiar y un buen asiento para el polvo, la suciedad, y por lo tanto también para las bacterias.

¿Dónde guardar el equipo entonces? **En las estanterías**. Si hubiera cajones en los locales de manipulación de alimentos, verían como serían éstos los lugares donde el personal descuidado o falto de experiencia guardaría el equipo que no está limpio como debiera o que es difícil de limpiar.

Todo el equipo debería ser limpiado y esterilizado inmediatamente después de su empleo y debería establecerse además un sistema de limpieza regular para aquellos utensilios que no se utilizan muy a menudo. Toda pieza del equipo que no se usa regularmente debería ser limpiada y desinfectada al menos semanalmente.

> *Cualquier pieza del equipo averiada debería ser sacada del área de manipulación de alimentos hasta que sea reparada o sustituida.*

Ahora complete las siguientes preguntas sin prisa alguna. Cuando haya terminado, revíselas leyendo de nuevo la sección 11. Después puede corregirlas (soluciones al final del texto).

1 La primera consideración higiénica cuando se compra un equipo a emplear en una instalación de manipulación de alimentos es que debería ser posible limpiarla y desinfectarla fácilmente
VERDADERO/FALSO

2 Si desinfectamos de manera regular un equipo astillado o agrietado no hay ningún peligro de contaminación   VERDADERO/FALSO

3 El equipo debería ser limpiado y desinfectado...

   a Sólo tras su uso
   b Cuando esté sucio
   c Tras su uso; y si no se usa, de manera regular
   d Mensualmente

4 ¿Cuál es la principal razón por la que las tablas de cortado de madera no son adecuadas en las instalaciones de manipulación de alimentos?

   a Son pesadas de trasladar
   b Son absorbentes y albergan bacterias patógenas y alterantes
   c Son muy caras
   d Se pueden astillar y herir al personal

5 Los bancos de trabajo de acero inoxidable son los más adecuados porque...

   a Son muy resistentes y duraderos
   b Son muy estables y no se mueven fácilmente

   c Se desinfectan fácilmente

   d Proporcionan una superficie fría para preparar alimentos en frío

6 Las piezas del equipo de pequeño tamaño deberían ser almacenadas donde sean siempre visibles   VERDADERO/FALSO

SECCIÓN DOCE

DISPOSICIÓN Y ALMACENAMIENTO DE DESPERDICIOS Y BASURAS

Observe el título de esta sección durante un instante...

Nadie conserva ahora la basura, ¿verdad?

Ahora, responda a la pregunta ¿Debe llevar siempre la basura, inmediatamente a los contenedores de la basura *FUERA* de las instalaciones de manipulación de alimentos?

La respuesta debe ser **NO**; y por lo tanto ha de almacenarla.

La disposición y almacenamiento de la basura en general no es objeto de gran interés cuando se diseña la planta. Sin embargo, gran número de brotes de intoxicación alimentaria y especialmente enfermedades de origen alimentario se deben a una disposición inadecuada de los desperdicios.

La basura ha de tener la misma consideración que a la preparación de un banquete o a la elaboración de una obra maestra pastelera.

Antes de continuar con esta sección observe las zonas donde se almacena la basura en su lugar de trabajo y fíjese si están limpias, ordenadas y sin desperdicios caídos.

Los contenedores utilizados para almacenar la basura deberían estar construidos con un material fácilmente lavable y desinfectable, y no deberían ser excesivamente grandes para que la basura no se acumule durante un periodo de tiempo excesivo.

De forma ideal, los contenedores utilizados dentro de los locales de manipulación de alimentos, deberían ser de plástico y suficientemente pequeños para obligar a su vaciado al menos tres veces al día.

Los contenedores empleados fuera de los locales de manipulación de alimentos deben situarse en una plataforma elevada y con una tapa apropiada para impedir el acceso de animales, roedores y pájaros.

> **Tanto los contenedores internos como los externos han de poseer una tapa que asegure un cierre apropiado**

Todos los contenedores usados para almacenar basura deben ser vaciados regularmente y especialmente antes de que estén excesivamente llenos. Es más higiénico utilizar además sacos de polietileno en el interior del contenedor que puedan ser atados de forma segura una vez estén medio llenos. Esto reduce el riesgo de que el contenido se derrame. Este tipo de accidentes causa buen número de enfermedades transmitidas por alimentos debido a la tendencia de los manipuladores de alimentos de recoger simplemente la basura que se ha caído sin lavarse después las manos o sin pensar que las bacterias pueden haber sido transferidas a sus vestimentas.

> **Debe lavarse siempre las manos después de manipular desperdicios y basuras**

Debería ser prioritario un almacenamiento adecuado de los recipientes retornables, tales como bandejas, canastas, etc., buscando para ello un lugar limpio, seco, cubierto, sin acceso a animales, roedores y pájaros. Usted debería inspeccionar estos recipientes para asegurarse de que están limpios, especialmente los destinados a productos lácteos.

Ahora complete las siguientes preguntas sin prisa alguna. Cuando haya terminado, revíselas leyendo de nuevo la sección 12. Después puede corregirlas (soluciones al final del texto).

1 ¿Cuál es la principal consideración a tener en cuenta respecto a los contenedores de basura?

   a Que sean ligeros de manejar

   b Que sean lo suficientemente grandes para albergar la basura de varios días de trabajo

   c Que tengan un color brillante que facilite su identificación

   d Que tengan una tapa adecuada y se desinfecten fácilmente

2 **Muchos brotes de intoxicación alimentaria se deben a un manejo inadecuado de las basuras** VERDADERO/FALSO

3 **Los contenedores de basura situados fuera del edificio deberían estar por encima del nivel del suelo y poseer un cierre seguro para prevenir...**

   a Los malos olores

   b El pillaje de animales, pájaros y roedores

   c Que se derrame su contenido

4 **Siempre debe lavarse las manos tras manejar basuras**
VERDADERO/FALSO

5 **Los recipientes retornables se pueden almacenar de forma segura en el exterior del edificio hasta su recogida** VERDADERO/FALSO

6 **No existe riesgo alguno de contaminación y posible intoxicación alimentaria a partir de los recipientes de alimentos retornables**
VERDADERO/FALSO

SECCIÓN TRECE

LA LIMPIEZA Y LA DESINFECCIÓN DE LOS LOCALES

Antes de empezar esta importante sección, existe una serie de términos que hemos empleado a lo largo de todo el manual que necesitan una pequeña aclaración.

DETERGENTE   DESINFECTANTE   AGENTE HIGIENIZANTE

Revise las páginas 1-2 para refrescar su memoria acerca de estos términos.

Otra palabra que trataremos en esta sección es **Limpieza**. **Limpieza** es la eliminación de restos de alimentos, grasa o suciedad; pero de manera general, se aplica a todo el proceso de higienización (limpieza + desinfección)

El proceso de higienización

Todo el mundo sabe cómo limpiar, ¿no es así?, ¡*Por supuesto que sí, lo hemos hecho miles de veces*!

Usted debe haber limpiado más veces de las que pueda recordar. Usted ha limpiado suelos, platos, equipo, aparadores, etc.

Entonces, ¿Cómo lo hizo? Intente analizar las fases en las que dividiría todo el proceso.

Hay 6 fases básicas en toda operación de higienización:

- **Pre-limpieza.** Es una primera fase de eliminación grosera de la suciedad, la grasa, etc., realizada barriendo, raspando, frotando o pre-enjuagando.

- **Limpieza principal.** Consiste en la desunion de la grasa, la suciedad, etc., de las superficies por medio de un detergente.

- **Enjuagado.** Es la eliminación de toda la suciedad disuelta Y LA ELIMINACIÓN DEL DETERGENTE empleado en la fase anterior.

- **Desinfección.** Es la destrucción de las bacterias mediante el empleo de un desinfectante (no perfumado, por supuesto) asociado a una corriente de agua caliente (al menos a 82°C).

- **Enjuagado final.** Para eliminar los restos de desinfectante.

- **Secado.** Para ello es mejor emplear aire seco que paños. Si se emplea un agente higienizante, las fases 2-4 son simultáneas.

Una higienización efectiva

Ahora que conocemos las fases primordiales de cualquier operación de higienización, ¿Podría decir honestamente que ha seguido todas las fases siempre que ha limpiado algo?

En todo programa de higienización ha de planearse la frecuencia de limpieza, su profundidad, la naturaleza y la cantidad empleada de los agentes de limpieza y desinfección, el personal responsable de realizar esta tarea y el modo de supervisión y control de la eficacia del programa.

Una vez diseñado el programa, éste ha de llevarse a cabo de una manera estricta. No vale renunciar a esta tarea porque «hoy no tenemos tiempo» o porque «no hay de ese polvo rosa que usamos»

Una de las maneras más fáciles y seguras de garantizar que no tiene que acometer todos los días una gigantesca operación de limpieza es enseñar al personal a limpiar mientras trabaja. Si se hace ésto el grueso de la limpieza se realizará durante el trabajo, con poco esfuerzo.

Ha de prestarse un gran cuidado en evitar que los agentes químicos empleados en las operaciones de higienización contaminen los alimentos.

¿QUÉ ES LIMPIAR?

Ya hemos visto que limpiar es eliminar los restos de alimentos, de grasa y suciedad del equipo y las superficies.

Después de limpiar, debe desinfectar para destruir las bacterias presentes. El modo más efectivo es usar un chorro de agua caliente (82°C) que contiene lejía, que es el más común de los desinfectantes.

Las soluciones desinfectantes han de prepararse en el momento de su uso ya que con el tiempo pierden eficacia. Dejar las fregonas a remojo en una solución desinfectante durante la noche no es tan buena idea como parece, pues las bacterias pueden sobrevivir en esta disolución desinfectante envejecida, crecer incluso, y ser «sembradas» en todo el local con la mejor intención cuando la fregona se utilice de nuevo.

¿QUÉ NECESITA DESINFECCIÓN?

◆ Todas las superficies en contacto con las manos (cuchillos, vajilla, herramientas manuales, etc.), y todo aquello que tocan las manos durante el trabajo, sobre todo los aseos.

◆ Todas las superficies en contacto con los alimentos en todas las fases de almacenamiento, preparación, cocinado y presentación.

◆ Todo el equipo. Todas las piezas del equipo han de ser desinfectadas periódicamente y no sólo después de usarlas.

- ◆ Sus manos. El manipulador de alimentos debe asegurarse de que sus manos están desinfectadas, durante el trabajo diario, especialmente cuando cambia de actividad. Un simple lavado no es suficiente.

¿POR QUÉ LIMPIAMOS?

Limpiamos por las siguientes razones:

- ◆ Para dar una imagen aceptable a los clientes y al resto del personal.

- ◆ Para eliminar el material en el que las bacterias pueden crecer y multiplicarse causando la alteración de los alimentos, brotes de intoxicación alimentaria o enfermedades de origen alimentario.

- ◆ Para garantizar un ambiente de trabajo seguro e higiénico.

- ◆ Para permitir la desinfección del equipo y las superficies.

- ◆ Para eliminar materiales que podrían promover la infestación por plagas.

- ◆ Para reducir el riesgo de contaminación física.

El lavado

El lavado es una forma de higienización a la que debe prestarse una atención especial. Probablemente, la mayoría de los utensilios de pequeño tamaño, la vajilla, el material de vidrio, la cuchillería, etc., se lavan en lavavajillas, donde lo único que el manipulador de alimentos ha de hacer es poner las sustancias detergentes, desinfectantes y de aclarado, conectar unos controles pre-seleccionados y cargar y descargar la máquina. La máquina atraviesa las 6 fases de la operación de higienización de manera automática. Normalmente, el manipulador tiene que realizar el pre-limpiado a menos que la máquina lavavajillas lleve incorporado un chorro potente para este propósito.

El lavavajillas debe ser periódicamente inspeccionado para asegurar que la temperatura del agua y los agentes químicos empleados funcionen correctamente.

> *No olvide que las fregonas y cepillos deben ser también lavados, desinfectados y dejados a secar tras su uso.*

A veces, no es conveniente o posible el empleo del lavavajillas. En estos casos, es necesario realizar la operación de higienización de forma manual en un lavabo. Recomendamos el sistema denominado «lavado con doble fregadero»:

- Elimine la suciedad gruesa raspándola dentro de un cubo de basura, y enjuague después el objeto con agua fría.

- Coloque los objetos en el primer fregadero, que contiene detergente disuelto en agua caliente a 50-60°C*; use un cepillo o un paño para eliminar la suciedad y la grasa. Cambie el agua tan a menudo como ésta se ensucie o se enfríe.

- Coloque ahora los objetos en el segundo fregadero para aclarar todo el resto de detergente y déjelas durante 30 segundos en agua a 82-85°C* para alcanzar la desinfección.

    * 50-60°C. El agua de fregar, los platos, etc., debería estar a una temperatura entre 50-60°C (no más caliente) para ayudar al detergente a eliminar la suciedad. Si el agua está más caliente es probable que la suciedad «se cocine» y forme una costra muy difícil de quitar.

    * 82-85°C. El agua de enjuagado debe estar al menos a 82°C para que destruya a todas las bacterias perjudiciales que pueda contener el equipo, y así alcanzar su desinfección.

- Coloque ahora los objetos en el segundo fregadero para aclarar todo resto de detergente y déjelos durante 30 segundos en agua a 82-85°C (esta combinación de temperatura/ tiempo es suficiente para destruir las bacterias patógenas, consiguiendo la desinfección).

Ahora complete las siguientes preguntas sin prisa alguna. Cuando haya terminado, revíselas leyendo de nuevo la sección 13. Después puede corregirlas (soluciones al final del texto).

1 Una sustancia química que sirve para eliminar la grasa, la suciedad y los restos de alimento es un...

   a Desinfectante
   b Agente esterilizante
   c Detergente
   d Bactericida

2 Los desinfectantes se utilizan para...

   a Destruir las bacterias perjudiciales (patógenas y alterantes) por completo
   b Reducir el número de bacterias perjudiciales hasta un nivel seguro
   c Ayudar a eliminar la grasa y los restos de alimento
   d Hacer que la vajilla y los cubiertos brillen tras el lavado

3 La temperatura óptima del agua para limpiar el equipo es...

   a 82°C-85°C
   b 30°C-37°C
   c 50°C-60°C
   d 5°C-65°C

4 La temperatura óptima del agua para desinfectar el equipo es...

   a 82°C-85°C
   b 30°C-37°C
   c 50°C-60°C
   d 5°C-65°C

5 ¿Con qué frecuencia debería cambiar el agua de lavar la vajilla y el equipo si se utiliza el método de doble fregadero?

   a Una vez
   b Dos veces
   c Cuando esté fría
   d Cuando esté fría o sucia

6 ¿Qué es lo más importante cuando higieniza los suelos de locales de manipulación de alimentos?

   a Dejar los suelos húmedos

   b Utilizar siempre una disolución cáustica

   c Eliminar todo rastro de suciedad con agua caliente y detergente antes de desinfectar

   d Limpiar los suelos diariamente

7 Los desinfectantes deberían...

   a Utilizarse en lugar del detergente

   b Actuar durante el tiempo que sea necesario

   c Conservarse en la zona de manipulación de alimentos

   d Ser tan fuertes como fuera posible

SECCIÓN CATORCE

EL CONTROL DE LAS PLAGAS

Un animal-plaga es un animal que vive en/o sobre el alimento y causa su merma, alteración, contaminación o es molesto de algún modo.

Las plagas más comunes que podemos encontrar en las plantas alimentarias son:

Roedores, tales como ratas y ratones.

Insectos, como moscas, cucarachas, pececillos de plata, hormigas e insectos de alimentos almacenados (por ejemplo, los gorgojos).

Pájaros, como palomas y gorriones.

Todos ellos causan la alteración o la contaminación de los alimentos o son generalmente un fastidio si se les permite vivir en las plantas alimentarias.

Es importante que sepa identificar los signos que revelan la presencia de estos animales, entre ellos están:

◆ Sus cuerpos vivos o muertos, incluyendo sus formas larvales o pupales.

◆ Los excrementos de los roedores.

◆ La alteración de sacos, envases, cajas, etc., causada por ratones y ratas al roerlos.

◆ La presencia de alimento derramado cerca de sus envases, que mostraría que las plagas los han dañado.

◆ Las manchas grasientas que producen los roedores alrededor de las cañerías.

¿Por qué necesitamos controlar las plagas?

Siempre que hay plagas en los locales de manipulación de alimentos, existe un riesgo grave de contaminación y alteración de los alimentos, de intoxicación alimentaria y enfermedades de origen alimentario; ya que ninguna plaga tiene costumbres particularmente higiénicas.

Debemos controlar las plagas para prevenir la diseminación de enfermedades, para impedir la pérdida de alimentos por alteración y para cumplir la ley.

Como el resto de formas de vida, los animales-plaga necesitan alimento, refugio y seguridad para poder sobrevivir. Actuando sobre estos tres factores podemos impedir que las plagas alcancen nuestro local.

Los dos modos más importantes de controlar las plagas de los alimentos son impedir su acceso a los locales y evitar que puedan obtener alimento y refugio.

¿Cómo puede controlar las plagas?

Antes de examinar los modos de controlar las plagas, analicemos los lugares en los que éstas pueden morar:

Los animales-plaga gustan de lugares cálidos y recogidos y no desean ser molestados, por lo que sienten una especial predilección por aquellas áreas de almacenamiento que contienen artículos que no se utilizan frecuentemente:

- Almacenes para el equipo de limpieza.
- Almacenes de alimentos.
- Lugares de almacenamiento del equipo que espera ser reparado.

Las plagas no necesitan para vivir lo que nosotros llamamos *«alimentos»*. Por ejemplo, los roedores son bastante felices comiendo jabón.

Cualquier lugar que no se mantiene limpio y ordenado de forma regular:

- Edificaciones abandonadas, tejadillos, soportales, garajes, etc.
- Los cobertizos empleados para guardar los aperos de jardinería.
- Los rincones de instalaciones antiguas que se usan para acumular todas aquellas cosas que nadie tiene tiempo de tirar a la basura.

Una zona obviamente propicia es el lugar donde se acumula la basura y la zona donde van a parar las aguas residuales, especialmente si no se mantienen desinfectadas y limpias de manera periódica. También existe un gran riesgo de atraer plagas a las instalaciones alimentarias si cerca de ellas abunda la maleza.

Es importante echar un vistazo alrededor de las instalaciones para ver si hay algo que pueda resultar atractivo para los insectos, los roedores o los pájaros.

IMPEDIR A LAS PLAGAS EL ACCESO A LAS INSTALACIONES

Establecer unos programas de limpieza y desinfección completos y sistemáticos, tanto en los locales de manipulación de alimentos como en las áreas colindantes.

◆ Instale una tela de malla lavable en todas las ventanas.

◆ Desarrolle un programa de inspección periódico y subsane rápidamente cualquier fallo.

> ¡Prevenir es mejor que curar!

◆ Instale lámparas ultravioleta de destrucción de insectos.

◆ Asegúrese de que todas las cañerías, cables, etc., que penetran en la instalación se encuentran completamente selladas. Un ratón cabe por un orificio tan pequeño como el realizado por un lápiz sobre una hoja de papel.

◆ Dedique el tiempo necesario a diseñar la instalación para protegerla contra las plagas.

- Asegúrese de que las puertas cierran correctamente y que no muestran rendijas por donde las plagas pudieran penetrar. Recubra el zócalo de las puertas de salida con planchas de metal duro (las ratas pueden roer planchas delgadas de metales blandos para entrar en la instalación).

EVITAR QUE LAS PLAGAS OBTENGAN ALIMENTO Y REFUGIO

- Asegúrese de que las instalaciones de manipulación de alimentos y las zonas de almacenamiento de basuras se mantienen siempre limpias, ordenadas y se desinfectan regularmente.

- Recoja los alimentos derramados sobre el suelo lo antes posible.

- Almacene los alimentos separados del suelo (más de 30,5 cm) y las paredes para facilitar una inspección fácil y regular. Además, los roedores prefieren mantenerse en los vértices de las habitaciones.

- Almacene siempre los alimentos en recipientes cerrados (preferiblemente de metal), y asegúrese de que coloca la tapa tras su uso.

- Asegúrese de que las áreas circundantes a la planta se encuentran en buen estado y son limpiadas de forma regular.

- Inspeccione los lotes que llegan a la planta para asegurarse de que no transportan ninguna plaga. Como en todo, es bastante simple establecer un sistema de buen gobierno interno que no favorezca el asentamiento de plagas.

Lo mejor es impedir la llegada de plagas a la planta, pero si esto ocurre ha de poner los medios físicos o químicos para eliminarlas. Para ello lo más razonable es llamar a la oficina de control de plagas local, que le proporcionará la ayuda especializada necesaria, lo que puede significar unas cuantas visitas antes de que el problema sea resuelto.

Ahora complete las siguientes preguntas sin prisa alguna. Cuando haya terminado, revíselas leyendo de nuevo la sección 14. Después puede corregirlas (soluciones al final del texto).

1 La principal razón por la que debe controlar las plagas es que ellas...

   a Ayudan en las tareas de limpieza
   b Transmiten enfermedades
   c Desagradan a los consumidores y al personal
   d Se comen los alimentos

2 Las ratas y los ratones no serán atraídos a los locales si usted...

   a Tiene un gato
   b Emplea trampas y venenos
   c Mantiene todas las puertas cerradas
   d Mantiene todo limpio y desinfectado

3 El mejor medio de controlar las moscas es...

   a Utilizar papel atrapamoscas
   b Utilizar sprays antimoscas
   c Utilizar lámparas ultravioleta destructoras de moscas
   d Mantener las ventanas cerradas

4 Son animales-plaga...

   a Las ratas y los ratones
   b Las moscas y las cucarachas
   c Los perros, gatos y pájaros
   d Todos ellos

EL CONTROL DE LAS PLAGAS

5 Si percibe indicios de la presencia de plagas en su planta, debería...

    a Limpiar y desinfectar el área

    b Poner trampas

    c Poner veneno

    d Llamar a la oficina de control de plagas local

6 ¿Cuál de las siguientes afirmaciones es correcta?

    a Las plagas en la cocina no constituyen un peligro si los alimentos se mantienen cubiertos y son almacenados al menos a 30,5 cm del suelo

    b Se puede permitir la entrada de animales domésticos a los locales de manipulación de alimentos cuando ésta se encuentre cerrada

    c Las plagas y los animales domésticos nunca deben entrar en las áreas de manipulación de alimentos

    d Los animales domésticos no son un peligro en las zonas de manipulación de alimentos

7 ¿Cuáles son las dos maneras más importantes de controlar las plagas?

    1ª _____

    2ª _____

SECCIÓN QUINCE

LAS LEYES RELACIONADAS CON LOS ALIMENTOS Y LA HIGIENE ALIMENTARIA

Como todas las leyes, aquellas que conciernen a los alimentos y a la higiene alimentaria son largas y complicadas.

El hecho de que sean extensas y completas no dice mucho del estado higiénico del país si se han de cumplir tales leyes para obtener resultados.

La letra de la ley es susceptible a diversas interpretaciones, y mucha gente dice que han sido diseñadas para desalentar la apertura de nuevas industrias alimentarias.

Estas leyes van dirigidas fundamentalmente a aquellos individuos faltos de formación y cualificación, cuyo único interés es el rápido beneficio, en lugar de ser el ofrecer alimentos sanos, higiénicos y aptos para el camino con unas instalaciones limpias e higiénicas.

Por supuesto que si estas personas dirigieran sus empresas de acuerdo a las leyes y normativas relativas a higiene y sanidad, sus negocios serían mucho más rentables y exitosos.

Estas leyes regulan los siguientes aspectos:

◆ La producción o venta de alimentos insalubres, no aptos o peligrosos para el consumo humano.

◆ La prevención contra la contaminación.

◆ La higiene de los locales de manipulación de alimentos, del personal y del equipo.

◆ Las prácticas higiénicas, incluyendo el control de la temperatura y el tratamiento térmico.

- El control de las intoxicaciones alimentarias y las enfermedades de origen alimentario.

- La composición y el etiquetado de los alimentos.

- El control de la temperatura se extiende más allá de la planta para ciertos productos alimenticios, particularmente la leche y los productos lácteos.

El acta de seguridad alimentaria de 1990

El «*Food Safety Act*» de 1990 entró en vigor el 1 de Enero de 1991. Algunos de sus principales puntos son:

- No sólo es un delito vender alimentos no aptos para el consumo, sino también tener alimentos no aptos en las instalaciones de manipulación de alimentos.

- Los funcionarios de Salud Medioambiental detentan ahora un mayor poder para cerrar instalaciones sucias y no aptas.

- Establece unas penas más severas para los delitos contra el Acta de Seguridad Alimentaria de 1990.

Los funcionarios de Salud Medioambiental pueden solicitar al juzgado una ORDEN DE PROHIBICIÓN, por la que pueden ordenar el cierre de una planta de manipulación de alimentos si en el plazo de tres días no presenta las condiciones mínimas de higiene y supone un peligro para la salud pública.

Las reglamentaciones generales de higiene alimentaria de 1970

Esta normativa estipula las necesidades en cuanto a higiene alimentaria se refiere, de los locales de manipulación de alimentos. Establece las necesidades mínimas pero no hay razón por la que usted no trate siempre de mejorarlas.

Los objetivos primordiales de estas regulaciones son prevenir los brotes de intoxicaciones alimentarias o de enfermedades de origen alimentario y se dividen en las siguientes áreas:

MANIPULADORES DE ALIMENTOS
PRÁCTICAS HIGIÉNICAS
LOCALES
EQUIPO
LAVAMANOS Y FREGADEROS
SERVICIOS
RESPONSABILIDADES Y PENAS

MANIPULADORES DE ALIMENTOS

- Deben ser limpios.

- Deben protegerse las heridas con vendajes (tiritas por ejemplo) de colores vivos e impermeables.

- Deben vestir una indumentaria de protección adecuada.

- No deben ni fumar ni escupir.

- Deben informar a sus superiores si sufren una intoxicación alimentaria o una enfermedad de origen alimentario.

- Este superior debe informar al funcionario de Sanidad.

PRÁCTICAS HIGIÉNICAS

Incluye el conjunto de conductas que tienden a impedir la contaminación de los alimentos, especialmente la de mantener los alimentos de Alto Riesgo en refrigeración y fuera de la Zona de Peligro, y la de cubrir los alimentos abiertos que se ofrecen a la venta.

LOCALES

- Deben mantenerse limpios.
- Deben mantenerse en buen estado.
- Deben impedir la entrada de plagas.

EQUIPO

- Debe estar construido con materiales no absorbentes.

♦ Debe mantenerse en buen estado.

♦ Debe mantenerse limpio.

LAVAMANOS Y FREGADEROS

♦ Los lavamanos para los manipuladores deben ser independientes de los fregaderos para lavar los alimentos o el equipo.

♦ Los lavamanos deben mantenerse limpios, y poseer un jabón adecuado, un cepillo de uñas y un sistema de secado.

♦ Todos los lavabos han de poseer agua caliente y fría o agua caliente de temperatura controlada.

SERVICIOS

♦ Deben tener un adecuado suministro de agua potable.

♦ Deben poseer un botiquín de primeros auxilios apropiado.

♦ El lugar donde se deja la ropa de calle ha de estar situado fuera del área de manipulación de alimentos.

♦ Los sanitarios han de mantenerse bien ventilados, iluminados y limpios.

♦ Los lavabos han de estar cerca de ellos.

RESPONSABILIDADES Y PENAS

Ahora todos los delitos son punibles, algunos de ellos con multas de más de 20.000 £ y penas de prisión de más de 2 años.

Ahora complete las siguientes preguntas sin prisa alguna. Cuando haya terminado, revíselas leyendo de nuevo la sección 15. Después puede corregirlas (soluciones al final del texto).

1. **Las instalaciones de manipulación de alimentos pueden ser cerradas si...**

   a   No tienen servicios para los clientes
   b   No tienen frigoríficos
   c   Están muy sucias
   d   No ofrecen alimentos vegetarianos

2. **Según las leyes que rigen los locales de manipulación de alimentos, ¿Cuál de los objetos siguientes no es necesario?**

   a   Botiquín
   b   Lavamanos
   c   Horno microondas
   d   Una zona separada para la ropa de calle

3. **¿Cuál de los siguientes objetos DEBE poseer todo local de manipulación de alimentos según la ley?**

   a   Expositores de alimentos
   b   Instalaciones de cocinado
   c   Instalaciones de congelación
   d   Lavamanos para los manipuladores, diferentes de los fregaderos utilizados para lavar los alimentos o el equipo

4. **¿Cuál de las siguientes conductas debe ser perseguida por la ley?**

   a   Fumar en las dependencias destinadas al personal
   b   Sufrir una intoxicación alimentaria
   c   Causar un accidente
   d   Vestir indumentarias sucias

5. **Los locales deben poseer lavamanos para los manipuladores, lavabos para los alimentos y fregaderos para el equipo independientes**

   VERDADERO/FALSO

Funcionarios de Sanidad

Son los responsables de hacer cumplir las leyes relacionadas con la manipulación de alimentos. Son personas con una alta cualificación y una dilatada experiencia, y están siempre disponibles para ofrecer los consejos y la asistencia necesarios para que el manipulador alcance unas condiciones de higiene alimentaria correctas.

Es mucho mejor pedir su ayuda antes de que ocurra un brote de intoxicación alimentaria o de enfermedad de origen alimentario y tengan que acudir a investigar causas y responsabilidades.

En las Reglamentaciones generales de Higiene Alimentaria de 1970, todas las afirmaciones utilizan la palabra «debe» y no «podría» o «debería».

Es una obligación legal que estas reglamentaciones se cumplan. *Las penas pueden alcanzar multas de más de 20.000 £ e incluso prisión.*

¡Recuerde! El no poner en práctica lo que ha aprendido en este manual, la mayor parte de las veces por negligencia, podría causar un brote de intoxicación alimentaria.

Lea todo el manual de nuevo y concéntrese en aquellas secciones que haya encontrado más difíciles. El manual contiene todo lo que necesita saber para superar con éxito la prueba por la que se obtiene el carnet de manipulador.

Saber cómo realizar unas buenas prácticas de manipulación de alimentos y llevarlas a cabo realmente, son dos cosas diferentes.

Intente siempre mejorar las conductas higiénicas en su trabajo y difunda los conocimientos que posee a otros.

Sólo cuando todos los manipuladores del flujo alimentario desarrollan unas buenas prácticas higiénicas, será posible frenar el creciente número de brotes de intoxicación alimentaria o enfermedades de origen alimentario.

Ahora complete el test final. Si obtiene 19 o menos respuestas correctas necesita repasar el manual de nuevo.

TEST FINAL

Usted debe realizar el test final en unas condiciones similares a las de un examen, sin distracciones de televisión, música, otras personas, etc.

Dispone de un máximo de 40 minutos para completarlo.

Responda TODAS las cuestiones marcando en el recuadro la contestación correcta.

Por ejemplo:

¿A qué temperatura se multiplican las bacterias más rápidamente?

a 100°C
b 65°C
c 37°C
d 5°C

Tómese su tiempo para leer cuidadosamente cada cuestión antes de seleccionar la respuesta correcta.

¡BUENA SUERTE!

1 ¿Qué temperatura debería haber en el interior de un congelador?

a 100°C
b 65°C
c 18°C
d −18°C

2 ¿Qué temperatura debería haber en el interior de un frigorífico?

a de −18°C a 5°C
b de 1°C a 4°C
c de 50°C a 60°C
d de 30°C a 37°C

3 ¿Cuál de las siguientes temperaturas está dentro de la Zona de Peligro?

   a 82°C
   b 37°C
   c 4°C
   d −18°C

4 Cuando los alimentos se conservan en la nevera, las bacterias...

   a Mueren
   b Se multiplican muy lentamente
   c Se multiplican muy rápidamente
   d No crecen

5 ¿Para qué se recomienda que las piezas grandes de carne se corten en pedazos más pequeños?

   a Para trincharlas más fácilmente
   b Para que se enfríen más rápidamente
   c Para que no se retraigan cuando se cocinan
   d Para facilitar la preparación de comidas

6 Las bacterias responsables de intoxicaciones alimentarias se multiplican más rápidamente en...

   a El frigorífico
   b El congelador
   c El mostrador de comidas calientes
   d La cocina

7 Los pasteles frescos de crema deben manipularse...

   a Con una espátula de madera
   b Con las manos limpias
   c Con una tenazas limpias
   d Con un cuchillo con forma de paleta

LEYES RELACIONADAS CON LOS ALIMENTOS Y LA HIGIENE 119

8 Un manipulador de alimentos que se ha cortado en un dedo debe cubrir la herida con...

   a Un vendaje limpio

   b Una gasa

   c Una tirita coloreada

   d Una tirita coloreada impermeable

9 ¿Cuándo debería lavarse las manos?

   1 Después de entrar en la cocina

   2 Después de limpiar pescado

   3 Después de preparar bocadillos si después va a descansar

   4 Después de regresar del descanso

   a Después de 1, 2 y 3

   b Después de 1, 2 y 4

   c Después de 2, 3 y 4

   d Después de 1, 3 y 4

10 Lavarse las manos después de fumar ayuda a prevenir...

   a La intoxicación por *Salmonella*

   b La intoxicación por *Clostridium*

   c La intoxicación estafilocócica

   d Todas ellas

11 ¿Cuánto tiempo puede tenerse fuera antes de meterlo en la nevera un pedazo grande de carne que acaba de salir del horno pero va a ser consumido mañana?

   a Menos de 24 horas

   b Menos de 12 horas

   c Menos de 3 horas

   d Menos de 1,5 horas

12 ¿Cuál de las siguientes sustancias tiene poder desinfectante?

    a Un detergente
    b Un agente higienizante
    c El agua muy fría
    d El agua a 60°C

13 ¿Qué es lo que necesitan las bacterias para crecer?

    a Luz
    b Aire
    c Un ambiente cálido
    d Nitrógeno

14 ¿Cuál de las siguientes afirmaciones es cierta?

    a Los alimentos contaminados pueden tener un aspecto y un sabor normales
    b Las bacterias necesitan luz para multiplicarse
    c Todas las bacterias son perjudiciales
    d Todas las bacterias producen esporos

15 ¿Cuándo puede volver al trabajo un manipulador de alimentos tras padecer una intoxicación alimentaria?

    a Después de 2 semanas
    b Cuando se encuentre suficientemente bien
    c Cuando se lo permita el médico
    d Después de un mes

16 ¿Cuál de los siguientes alimentos puede soportar el crecimiento de las bacterias?

    a El arroz crudo
    b La leche en polvo
    c La miel
    d El jamón cocido

LEYES RELACIONADAS CON LOS ALIMENTOS Y LA HIGIENE

17 Cuando maneja basura es esencial...

    a Mantener el cubo de la basura cerrado con su tapa
    b Almacenar los restos de comida separadamente
    c Lavar los cubos de basura diariamente
    d Usar siempre bolsas de polietileno dentro del cubo

18 Los detergentes se usan para...

    a Eliminar todas las bacterias presentes
    b Eliminar los arañazos de las tablas de corte
    c Eliminar la suciedad, la grasa y residuos de alimento
    d Reducir el número de bacterias a un nivel seguro

19 ¿Cuál de los siguientes son los síntomas más frecuentes de intoxicación alimentaria?

    a Dolor de cabeza y fiebre
    b Fiebre y náuseas
    c Dolor abdominal y de cabeza
    d Diarrea y dolor abdominal

20 ¿Cuál es el mecanismo de entrada de las bacterias en las instalaciones de manipulación de alimentos?

    a Por medio de los animales
    b A partir de las personas
    c A través de alimentos crudos
    d Por todos ellos

21 La principal razón por la que deberíamos controlar las plagas es...

    a Porque ellas diseminan las enfermedades
    b Porque hacen la limpieza más difícil
    c Porque causan la alteración de los alimentos
    d Porque son difíciles de matar

22 La mayoría de los brotes de intoxicación alimentaria están causados por...

   a Plantas venenosas

   b Sustancias químicas

   c Bacterias

   d Cuerpos extraños en los alimentos

23 ¿Cuál de los siguientes materiales no debería existir en un local de manipulación de alimentos?

   a El acero inoxidable

   b El cobre

   c La fórmica

   d La madera

24 ¿Cuál de las prácticas siguientes ayuda a la higiene en la cocina?

   a Dejar secarse toda la suciedad derramada accidentalmente antes de limpiarla

   b Usar el equipo lo menos posible

   c Limpiar mientras trabaja

   d No utilizar nunca sustancias químicas en la cocina

25 ¿Cuáles, entre las siguientes, son señales de roedores?

   a Deyecciones, huevos, mohos

   b Deyecciones, manchas grasientas en torno a las cañerías, restos de pelo

   c Excrementos, manchas de grasa enmohecida en torno a las cañerías

   d Excrementos, huevos, manchas grasientas en torno a las cañerías

26 Los desperdicios y basuras deben sacarse de las zonas de manipulación de alimentos...

  a Regularmente a lo largo del día
  b Durante todo el día cuando sea necesario
  c Tras el servicio de la comida y la cena
  d Cuando haya personal disponible para hacerlo

27 ¿Qué están obligados a tener todos los locales de manipulación de alimentos por ley?

  a Agua caliente de temperatura controlada
  b Duchas para el personal
  c Lugares de descanso para el personal
  d Bancos de trabajo de acero inoxidable

28 ¿Cuál de las siguientes actuaciones podría ser perseguida por la ley?

  a Sufrir un resfriado
  b Fumar en la cocina
  c Usar toallas de algodón para secarse las manos
  d No informar de que hay plagas en las instalaciones

29 ¿Cuáles de los objetos siguientes han de estar en los lavabos de los locales de manipulación de alimentos por ley?

  a Jabón, agua fría y caliente
  b Jabón, agua fría y caliente y un cepillo de uñas
  c Jabón, cepillo de uñas y un mecanismo de secado
  d Jabón, agua caliente, cepillo de uñas y un mecanismo de secado

30 Los locales de manipulación de alimentos pueden ser cerrados si...

  a No tienen instalaciones de refrigeración
  b No tienen servicios para los clientes
  c Están muy sucios
  d No permiten al personal los apropiados periodos de descanso.

SOLUCIONES AL TEST FINAL

1 d, 2 b, 3 b, 4 d, 5 b, 6 d, 7 c, 8 d, 9 b, 10 c, 11 d, 12 b, 13 c, 14 a, 15 c, 16 d, 17 a, 18 c, 19 d, 20 d, 21 a, 22 c, 23 d, 24 c, 25 b, 26 b, 27 a, 28 d, 29 d, 30 c

RESPUESTAS A LOS TESTS DE CADA SECCIÓN

SECCIÓN 1.

1 Bacteria, **2** Detergente, **3** Desinfectante, **4** Contaminación, **5** Contaminación cruzada, **6** Manipulador de alimentos, **7** Intoxicación alimentaria, **8** Alimentos de Alto Riesgo, **9** Agente higienizante

SECCIÓN 2.

1. b
2. a Perjudiciales, Cocinado
   b Contaminación, Bacterias, Tóxicos
   c Multiplicación, Bacterias, Enfermedad, Alteración

SECCIÓN 3.

1.
   a. Baño
   b. Crudos, Cocinados
   c. Peinarse
   d. Entrar, Equipo, Manipular, Alimento
   e. Fumar, Sonarse
   f. Desperdicios, Basuras

2. VERDADERO, **3** VERDADERO, **4** d, **5** d, **6** b, **7** b, **8** a, **9** c, **10** c

SECCIÓN 4.

1 a, **2** b, **3** d, **4** d, **5** FISIÓN BINARIA, **6** d

SECCIÓN 4.A

1.
   a. Período de incubación
   b. Bebés, Enfermas, Ancianos
   c. Síntomas

2. c, **3** VERDADERO, **4** VERDADERO, **5** VERDADERO

SECCIÓN 4.B

1 VERDADERO, **2** c, **3** VERDADERO, **4** VERDADERO, **5** VERDADERO, **6** b, **7** FALSO

SECCIÓN 4.C

1 VERDADERO, **2** FALSO, **3** VERDADERO, **4** VERDADERO, **5** b, **6** b

SECCIÓN 5.

1 FALSO, **2** c, **3** b, **4** FALSO, **5** VERDADERO

SECCIÓN 6.

1 a, **2** d, **3** c, **4** a, **5** b, **6** a

SECCIÓN 7.

1 a) Hombre, b) Alimentos crudos, c) Insectos, d) Roedores, e) Animales, f) Pájaros, g) Polvo, h) Basuras

2 b, **3** b, **4** a, **5** c, **6** FALSO, **7** VERDADERO, **8** c, **9** d, **10** b

SECCIÓN 8.

1 b, **2** a, **3** FALSO, **4** a, **5** FALSO, **6** FALSO, **7** VERDADERO, **8** b, **9** a Pescados y productos cárnicos crudos
b Productos cocinados
c Productos lácteos
10 d, **11** FALSO, **12** a, **13** FALSO, **14** FALSO, **15** VERDADERO, **16** VERDADERO, **17** FALSO

SECCIÓN 9.

1 d, **2** c, **3** d, **4** c, **5** FALSO, **6** d, **7** VERDADERO, **8** b

SECCIÓN 10.

1 VERDADERO, **2** VERDADERO, **3** d, **4** VERDADERO, **5** VERDADERO, **6** VERDADERO, **7** VERDADERO

SECCIÓN 11.

1 VERDADERO, **2** FALSO, **3** c, **4** b, **5** c, **6** VERDADERO

SECCIÓN 12.

1 d, **2** VERDADERO, **3** b, **4** VERDADERO, **5** FALSO, **6** FALSO

SECCIÓN 13.

1 c, **2** b, **3** c, **4** a, **5** d, **6** c, **7** b

SECCIÓN 14.

1 b, **2** d, **3** c, **4** d, **5** d, **6** c
7 * Impedir su acceso a los locales
 * Evitar que puedan obtener alimento y refugio

SECCIÓN 15.

1 c, **2** c, **3** d, **4** d, **5** VERDADERO

HIGIENE DE ALIMENTOS. LAS 10 REGLAS DE ORO

1. Lávese **SIEMPRE** las manos antes y después de manipular alimentos, y siempre después de usar el baño.

2. **INFORME** inmediatamente a su superior de cualquier problema de piel, nariz, garganta o intestino.

3. **PROTEJA** los cortes y arañazos con tiritas impermeables coloreadas.

4. **MANTÉNGASE** limpio y vista una indumentaria limpia.

5. **NO FUME** en los locales de manipulación de alimentos. Es ilegal y peligroso. Nunca tosa o escupa sobre la comida.

6. **LIMPIE** mientras trabaja. Mantenga todo el equipo y las superficies limpias.

7. **MANIPULE** alimentos crudos y cocinados en zonas diferentes. Mantenga los alimentos cubiertos, ya sea refrigerados o bien calientes.

8. **TOQUE** los alimentos lo menos posible.

9. **ASEGÚRESE** de que la basura se dispone adecuadamente. Mantenga puesta la tapa y lávese las manos después de echarla.

10. **INFORME** a su superior si no puede acatar estas reglas. **NO INCUMPLA LA LEY.**

Este texto se reproduce con la autorización del Dept. Health y del MAFF. Publicado originalmente con Título de «The Food Safety Act 1990 y You: A Guide for the Food Industry»

NOTAS

NOTAS